建筑构造图解做法

王娟芬　曾庆璇　陈宁静　编著

东南大学出版社
SOUTHEAST UNIVERSITY PRESS
·南京·

图书在版编目(CIP)数据

建筑构造图解做法 / 王娟芬，曾庆璇，陈宁静编著.
— 南京：东南大学出版社，2024.6
ISBN 978 - 7 - 5766 - 1344 - 5

Ⅰ.①建⋯ Ⅱ.①王⋯ ②曾⋯ ③陈⋯ Ⅲ.①建筑构造 Ⅳ.①TU22

中国国家版本馆 CIP 数据核字(2024)第 038295 号

责任编辑:贺玮玮　　责任校对:韩小亮　　封面设计:王　玥　　责任印制:周荣虎

建筑构造图解做法

编　　著：王娟芬　曾庆璇　陈宁静
绘　　图：曾庆璇　王玉珊　陈宁静　丁姝君　王娟芬
出版发行：东南大学出版社
社　　址：南京市四牌楼 2 号　　邮编：210096
出 版 人：白云飞
网　　址：http://www.seupress.com
经　　销：全国各地新华书店
印　　刷：江阴金马印刷有限公司
开　　本：787 mm×1 092 mm　1/16
印　　张：13
字　　数：290 千
版　　次：2024 年 6 月第 1 版
印　　次：2024 年 6 月第 1 次印刷
书　　号：ISBN 978 - 7 - 5766 - 1344 - 5
定　　价：69.00 元

前言

  建筑构造课程是建筑学专业开设的一门必修课，也可作为城市规划、风景园林、环境设计专业的选修课。该课程主要研究建筑物各组成部分及各部分之间的构造原理和构造方法，是一门理论与实践较强的专业基础课程。因此，一本适合学习者参考、内容新颖、符合规范标准要求、知识点通俗易懂的教材尤为重要。

  本教材是基于编者们多年来构造类课程教学的经验积累和项目、科研的实践进行编写的，主要针对市面上在售构造类书籍仅限于二维图纸表现、学习者难以理解以及缺少新型构造做法案例等问题，对房屋建筑构造体系以通俗易懂、简洁明了的文字进行说明，配以二维线图和三维立体模型图共同展现。每一张三维立体模型图均以剖透视的方式呈现，清晰表达出建筑构造做法的层次、联结和空间关系，立体、直观、形象。教材以本科应用型人才为目标，原理与应用相结合，密切结合国家最新标准和规范，紧跟建筑行业发展需要，选择常用的、新型的构造做法实例，较为系统地阐述各类构造原理、特征和做法，内容新颖、知识点准确。书中构造做法配有详细的二维图纸、形象的三维模型和丰富的实例照片，通过图解良好地表现了构造的细部，便于读者理解、记忆和掌握各类构造做法的尺寸、材质、层次、衔接等。

  本教材第1章、第5章、第9章由曾庆璇老师编写，第2～4章、第10章由王娟芬老师编写，第6～8章由陈宁静老师编写。本教材中的部分图纸由王玉珊和丁姝君两位同学参与绘制。本教材的编写参考了相关教材、著作和文献等资料，在此向相关单位及作者一并表示感谢！

  由于时间有限，书中难免存在疏漏和不足之处，恳请读者和同仁批评指正。

编 者
2024 年 4 月

第一章

建筑物的地基、基础和地下室

1.1 地基与基础的概念

　　基础是建筑物最下部的承重构件，它承受建筑物上部结构传下来的全部荷载，并将这些荷载全部传给地基。地基是支承基础的土体或岩体，其承受建筑物荷载而产生的应力和应变随着土层深度的增加而减小，在达到一定深度后就可忽略不计。直接承受建筑荷载的土层为持力层，持力层以下的土层为下卧层，见图1-1-1基础的组成。

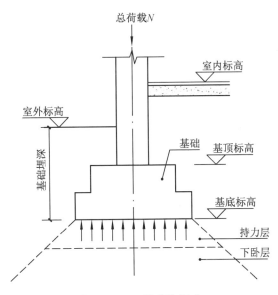

图1-1-1　基础的组成

　　地基能承受基础传递的荷载，并能保证建筑正常使用功能的最大能力称为地基承载力。为了保证建筑物的稳定和安全，基础底面传给地基的平均压力必须小于等于地基承载力，即：地基承载力≥建筑物总荷载值/基础底面面积。

1.2　地基

1.2.1　建筑地基土层分类

《建筑地基基础设计规范》(GB 50007—2011)中规定，作为建筑地基的岩土，可分为岩石、碎石土、砂土、粉土、黏性土和人工填土。

(1) 岩石

岩石为颗粒间牢固联结，呈整体或具有节理(裂隙)的岩体。根据坚硬程度可分为坚硬岩、较硬岩、较软岩、软岩和极软岩；根据完整程度可分为完整、较完整、较破碎、破碎和极破碎；根据风化程度可分为未风化、微风化、中等风化、强风化和全风化。

(2) 碎石土

碎石土为粒径大于 2 mm 的颗粒含量超过全重 50% 的土。碎石土可分为漂石、块石、卵石、碎石、圆砾和角砾。

(3) 砂土

砂土为粒径大于 2 mm 的颗粒含量不超过全重 50%，粒径大于 0.075 mm 的颗粒含量超过全重 50% 的土。砂土可分为砾砂、粗砂、中砂、细砂和粉砂。

(4) 粉土

粉土为介于砂土与黏性土之间的土，其塑性指数小于黏性土，粒径大于 0.075 mm 的颗粒含量不超过全重的 50%。

(5) 黏性土

黏性土是指含黏土粒较多，透水性较弱的土，按其塑性指数分为黏土和粉质黏土两类。黏性土的状态可分为坚硬、硬塑、可塑、软塑和流塑状态。

(6) 人工填土

人工填土根据其组成和成因，分为素填土、压实填土、杂填土和冲填土。素填土是由碎石土、砂土、粉土、黏性土等组成的填土。经过压实或夯实的素填土为压实填土。杂填土为含有建筑垃圾、工业废料、生活垃圾等杂物的填土。冲填土是由水力充填泥沙形成的填土。

1.2.2　地基应满足的要求

(1) 强度方面

地基应具有足够的承载力。

(2) 变形方面

地基应具有均匀的压缩变形的能力，以保证有均匀的下沉。地基下沉不均匀时，建筑物上部会产生裂缝和变形。

(3) 稳定方面

地基应具有防止产生滑坡、倾斜方面的能力。必要时应加设挡土墙，以防止滑坡变形的出现。

1.2.3　天然地基

凡具有足够的承载力，不需经过人工加固，可直接在其上部建造建筑的土层，称为天然地基。

1.2.4　人工地基

当土层的承载力较差或虽然土层质地较好，但是上部荷载过大时，为使地基具有足够的承载力，应对土层进行加固。这种经过人工处理的土层叫人工地基。人工地基的加固处理方法有以下几种：

(1) 压实法

利用重锤夯击、机械碾压、振动夯实等方法将土层压实。这种方法施工简单，节省材料，对提高地基承载力收效明显。

(2) 换土法

当地基土为淤泥、冲填土、杂填土及其他高压缩性土时，应采用换土法。即将基础下一定范围内的软土层挖去，回填中砂、粗砂、碎石等空隙大、压缩性低、无侵蚀性的材料，并夯至密实。此办法适用于浅层软弱土的处理。

(3) 桩基

当建筑物荷载大、层数多、高度高、地基土又松软时，一般应采用桩基。常见的桩基有预制桩、灌注桩、爆扩桩和其他类型桩（砂桩、碎石桩、灰土桩、扩孔墩等）。采用桩基时，应在桩顶加做承台梁或承台板，以承托墙柱。

1.3　基础

1.3.1　基础的埋深

从建筑室外地面到基础底面的距离称为基础埋置深度，简称基础埋深。在确定基础埋深时，优先采用浅基础。基础的埋置深度不宜小于 0.5 m，且受下列因素制约。

(1) 建筑物上部荷载的大小和性质

一般高层建筑的基础埋深约为地面以上建筑物总高度的 1/15；多层建筑一般根据地下水位及冻土深度来确定埋深尺寸。

(2) 工程地质条件

当地基的土层较好、承载力高，基础可以浅埋，但基础最少埋置深度不宜小于 0.5 m。如果遇到土质差、承载力低的土层，则应该将基础深埋至合适的土层上，或结合具体情况另外进行加固处理。

(3) 水文地质条件

确定地下水的常年水位和最高水位，便于做出对基础埋深的选择。一般宜将基础埋置在常年水位和最高水位之上。当地下水位较高，基础不能埋置在地下水位以上时，宜将基础底面埋置在最低水位之下，见图1-3-1。

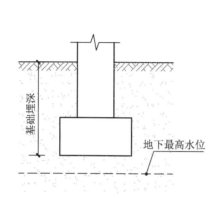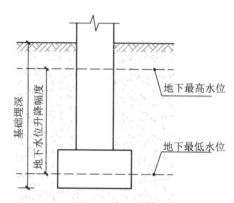

(a) 基础位于地下最高水位之上　　　　(b) 基础位于地下最低水位之下

图1-3-1　地下水位与基础埋深

(4) 地基岩土冻胀深度

确定基础埋深时，应根据当地的气候条件了解土层的冻结深度。将基础的底面置于土层的冻结深度以下，一般在150 mm以下。若基础落在冻胀土之中，天气变冷时，土层产生冻胀，会把建筑向上拱起；天气变暖时，土层解冻后基础又会下沉，使建筑处于不稳定状态，见图1-3-2。

(5) 相邻建筑物的基础埋深

当存在相邻建筑物时，新建建筑物的基础埋深不宜大于原有建筑基础。当埋深大于原有建筑基础时，两基础间应保持一定净距，其数值应根据原有建筑荷载大小、基础形式和土质情况确定。当上述要求不能

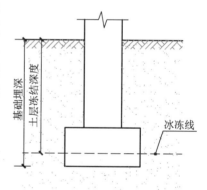

图1-3-2　冰冻线与基础埋深

满足时，应采取分段施工，设临时加固支撑、打板桩、地下连续墙等施工措施或加固原有建筑物地基。

1.3.2　基础的类型

基础的类型很多，划分方法也不尽相同。根据材料和受力来划分，可分为刚性基础(无筋扩展基础)和柔性基础(扩展基础)；根据基础的构造形式来划分，可分为独立基础、条形基础、联合基础等。

(1) 按基础的材料和受力分类

① 刚性基础

刚性基础又称无筋扩展基础，其材料特点是抗压强度高，抗拉、抗弯、抗剪强度

低，如灰土、砖、石、混凝土等。

刚性基础受刚性角的限制，一般砌体结构房屋的基础常采用刚性基础。从受力、传力的角度考虑，上部荷载通过基础传递的压力是沿一定的角度分布扩散的，这个传力角度称为压力分布角，又称刚性角或扩散角，用 α 来表示。不同材料的刚性角是不同的，刚性角决定了刚性基础放阶的级宽与级高之比，见图1-3-3。常用的刚性基础有以下几种：

a. 灰土基础

灰土是经过消解后的生石灰和黏性土按一定的比例拌合而成，其体积比常用石灰：黏性土＝3∶7，俗称"三七"灰土。

灰土基础适合于6层和6层以下、地下水位较低的砌体结构房屋和墙体承重的工业厂房。灰土基础的厚度与建筑层数有关，4层及4层以上的建筑物，一般采用450 mm；3层及3层以下的建筑物，一般采用300 mm。夯实后的灰土厚度每150 mm 称"一步"，300 mm 厚度的灰土可称为"两步"灰土，见图1-3-4。

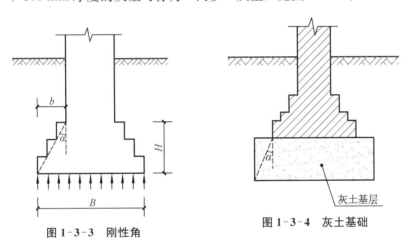

图1-3-3 刚性角   图1-3-4 灰土基础

灰土基础的优点是施工简便，造价较低，就地取材，可以节省水泥、砖石等材料；缺点是它的抗冻、耐水性能差，在地下水位线以下或很潮湿的地基上不宜采用。

b. 实心砖基础

用作基础的实心砖，其强度等级必须在 MU10 及以上，砂浆强度等级一般不低于 M5。基础的下部要做成阶梯形(大放脚)，逐级放大，以使上部的荷载传递到地基上时应力减小，从而满足地基容许承载力的要求。砖基础大放脚常用"两皮一收"和"二一间隔收"两种做法，见图1-3-5。

砖基础施工简单，适用面广。为了节省"大放脚"的材料，可在砖基础下部做灰土垫层，形成灰土砖基础。

c. 毛石基础

毛石是指用开采下来未经雕琢成型的石块，采用强度等级不小于 M5 砂浆砌筑的基础。毛石形状不规则，基础质量与码放石块的技术和砌筑方法有很大关系。毛石基础厚度和台阶高度均不小于400 mm，当台阶多于两阶时，每个台阶伸出宽度不宜大于150 mm。为了便于砌筑上部砖墙，可在毛石基础的顶面浇铺一层60 mm 厚、C10 的混凝土找平层，见图1-3-6。毛石基础的优点是可以就地取材，但整体性欠佳，故有振动的建筑很少采用。

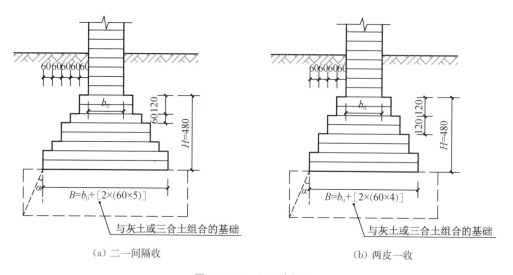

（a）二一间隔收

（b）两皮一收

图1-3-5 实心砖基础

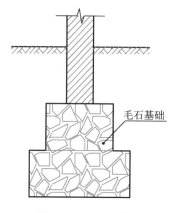

图1-3-6 毛石基础

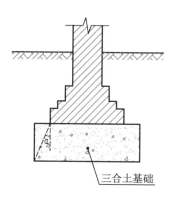

图1-3-7 三合土基础

d. 三合土基础

三合土基础是石灰、砂、石子等三种材料，按1∶2∶4～1∶3∶6的体积比进行配合，然后在基槽内分层夯实，每层夯实前虚铺220 mm，夯实后净剩150 mm。三合土夯至设计标高后，在最后一遍夯打时，宜浇筑石灰浆，待表面灰浆略风干后，再铺上一层砂子，最后整平夯实，见图1-3-7。这种基础在我国南方地区应用很广，它的造价低廉，施工简单，但强度较低，所以只能用于4层以下房屋的基础。

e. 混凝土基础

混凝土基础是用水泥、砂、石子加水拌合浇筑而成的基础。混凝土基础的优点是强度高，整体性好，不怕水，适用于潮湿的地基或有水的基槽中。混凝土基础的刚性角可达45°，其断面有矩形、阶梯形和锥形等，见图1-3-8。

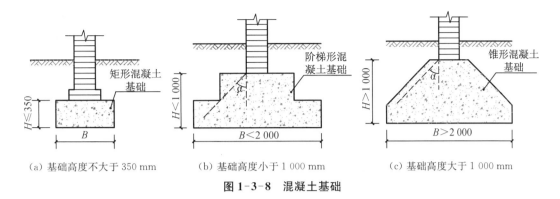

（a）基础高度不大于 350 mm　　（b）基础高度小于 1 000 mm　　（c）基础高度大于 1 000 mm

图 1-3-8　混凝土基础

f. 毛石混凝土基础

为了节约水泥用量，对于体积较大的混凝土基础，可以在浇筑混凝土时加入 20％～30％的毛石，这种基础叫毛石混凝土基础。毛石的尺寸不宜超过 300 mm。

② 柔性基础

柔性基础又称扩展基础，当建筑物荷载较大时，若仍用刚性基础，则会使基础的宽度和深度扩大，导致材料浪费过多。为了减小基础的埋置深度，并在基础底面积不变的情况下均匀地传递荷载，常在混凝土基础中增加抗拉性能良好的钢筋，即采用钢筋混凝土基础。柔性基础不受刚性角的限制，可减小基础开挖的深度，降低施工难度。

（2）按基础的构造形式分类

① 独立基础

独立基础主要用于柱下，其断面形式有台阶形、锥形、杯形等。当柱子为现浇时，独立基础与柱子是整浇在一起的；当柱子为预制构件时，通常将基础做成杯口状，然后将柱子插入预留的杯口内，并用细石混凝土嵌固，称为杯形基础，见图 1-3-9。

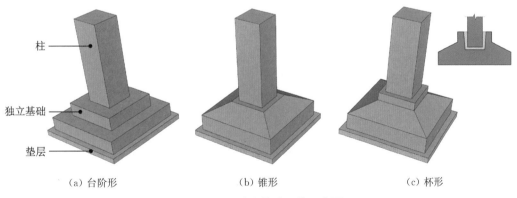

（a）台阶形　　　　　　　　（b）锥形　　　　　　　　（c）杯形

图 1-3-9　独立基础三维示意图

② 条形基础

条形基础指长度远远大于宽度的一种基础形式。当建筑物上部为墙承重时，基础的形式一般沿墙身设置条形基础，以便传递连续的条形荷载。条形基础常采用砖、石、混凝土等材料建造。当地基承载力较小、荷载较大时，承重墙下也可采用钢筋混凝土条形基础，见图 1-3-10。

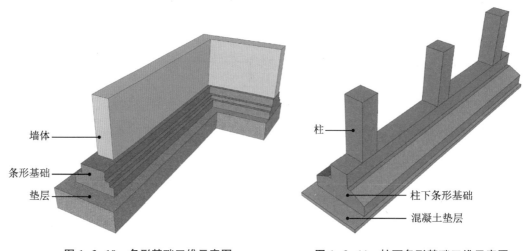

图 1-3-10　条形基础三维示意图　　　　图 1-3-11　柱下条形基础三维示意图

③ 联合基础

联合基础的类型较多，常见的有柱下条形基础、柱下交叉条形基础、筏形基础和箱形基础。联合基础有利于跨越软弱的地基。

a. 柱下条形基础

当地基较为软弱，柱下独立基础可能产生较大的不均匀沉降时，常将同一方向上若干柱子的基础连成一体而形成柱下条形基础。这种基础具有调整不均匀沉降的能力，并将所承受的集中柱荷载较均匀地分布到整个基础底面上，见图 1-3-11。

b. 柱下交叉条形基础

将柱下条形基础在柱网中进行双向布置，在柱下形成的基础即为交叉条形基础，见图 1-3-12。

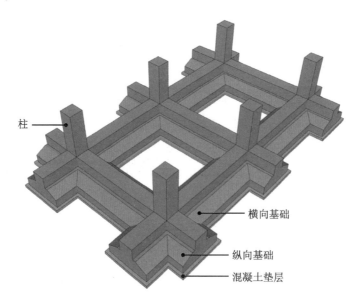

图 1-3-12　柱下交叉条形基础三维示意图

c. 筏形基础

筏形基础是连片的钢筋混凝土基础，这种基础的整体性好，一般用于荷载集中、地基承载力差的情况。筏形基础有梁板式和平板式两种类型，见图1-3-13。

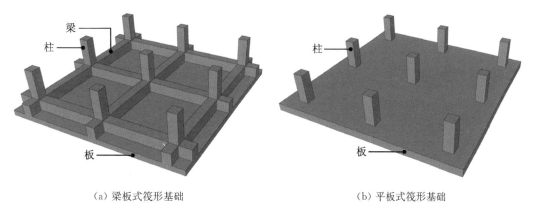

（a）梁板式筏形基础　　　　　　　　　（b）平板式筏形基础

图1-3-13　筏形基础三维示意图

d. 箱形基础

当基础埋深较深，并有地下室时，可将地下室浇筑成钢筋混凝土箱形基础。箱形基础由底板、顶板和侧墙组成。这种基础的整体性好，能承受很大的弯矩，可用于特大荷载的建筑，见图1-3-14。

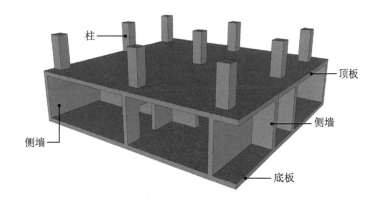

图1-3-14　箱形基础三维示意图

1.4　地下室概述

1.4.1　地下室的分类

多层和高层建筑需要较深的基础，为利用这一高度，在建筑物底层以下建造地下室，既可以增加使用面积，又省去了回填土，具有很好的使用效果和经济效益。地下室可按使用性质、埋入深度、建造方式进行分类。

（1）按使用性质分类

① 普通地下室。普通的地下空间，一般按地下楼层进行设计。

② 防空地下室。有防空要求的地下空间，应妥善解决紧急状态下的人员隐蔽与疏散问题，应有保证人身安全的技术措施。

（2）按埋入深度分类

① 地下室：指地下室地面低于室外地坪面高度超过该房间净高1/2者，见图1-4-1。

② 半地下室：指地下室地面低于室外地坪面高度超过该房间净高1/3，不超过1/2者，见图1-4-1。

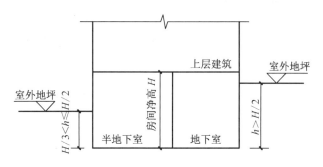

图 1-4-1　地下室埋入深度示意图

（3）按建造方式分类

① 单建式：单独建造的地下空间，构造组成包括顶板、侧墙和底板三部分。

② 附建式：附建在建筑物下部的地下空间。

1.4.2　地下室防潮、防水设计

（1）地下室防潮、防水设计原则

地下室的防潮、防水做法取决于地下室地坪与地下水位的关系。

① 当地下水位低于地下室底板 500 mm，且周围土层无形成上层滞水可能时，采用防潮做法。

② 当地下水位高于地下室底板、地面水可能下渗时，应采用防水做法。

（2）地下室防潮处理

防潮的具体做法是：砌体必须用水泥砂浆砌筑，墙外侧设垂直防潮层，即先抹 20 mm 水泥砂浆找平层，再涂一道冷底子油及两道热沥青，然后回填低渗透性的土层，如黏土、灰土等。此外，在墙身与地下室地坪及室内外地坪之间设置墙身水平防潮层，以防止土中潮气和地面雨水因毛细管作用沿墙体上升而影响结构。

（3）地下室防水设计

设计地下室时，必须根据工程性质、使用功能、结构设计、环境条件、材料以及水文资料确定防水等级、防水设防要求，见表1-4-1和表1-4-2。附建式地下室防水设防高度应高出室外地坪500 mm以上。单建式地下室的防水层应铺至顶板表面，在外围形成封闭的防水层。地下室主体结构应采用防水混凝土，并应根据防水等级要求采取其他防水措施。

表 1-4-1　地下工程防水标准

防水等级	防水标准
一级	不允许渗水，结构表面无湿渍
二级	不允许漏水，结构表面可有少量湿渍； 工业与民用建筑：总湿渍面积不应大于总防水面积（包括顶板、墙面、地面）的 1/1 000；任意 100 m² 防水面积上湿渍不超过 2 处，单个湿渍的最大面积不大于 0.1 m²
三级	有少量漏水点，不得有线流和漏泥沙 任意 100 m² 防水面积上的漏水点或湿渍不超过 7 处，单个漏水点的最大漏水量不大于 2.5 L/d，单个湿渍的最大面积不大于 0.3 m²
四级	有漏水点，不得有线流和漏泥沙 整个工程平均漏水量不大于 2 L/(m²·d)；任意 100 m² 防水面积上的平均漏水量不大于 4 L/(m²·d)

表 1-4-2　不同防水等级的适用范围

防水等级	适用范围
一级	人员长期停留的场所；因有少量湿渍会使物品变质、失效的贮物场所及严重影响设备正常运转和危及工程安全运营的部位；极重要的战备工程、地铁车站
二级	人员经常活动的场所；在有少量湿渍的情况下不会使物品变质、失效的贮物场所及基本不影响设备正常运转和工程安全运营的部位；重要的战备工程
三级	人员临时活动的场所；一般战备工程
四级	对渗漏水无严格要求的工程

当地下室可能受土壤中地下水的侵袭时，应对地下室围护结构做防水处理，常采用的构造措施见 1.5 节。

1.5　地下室防水构造措施

1.5.1　地下室围护结构的一般构造层次

地下室围护结构指地下室四周直接与外部相接的部位，一般包括地下室的底板、外墙和顶板部分，这些部位应根据地下室的防水设防要求进行防水设计。地下室底板外防水构造层次（由下到上）一般为素土夯实、垫层、找平层、防水层、隔离层、保护层、主体结构（底板）、室内地面。找平层可根据垫层的平整程度或防水材料的特性取舍，隔离层可根据防水材料的特性取舍。地下室外墙外防水构造层次（由外到内）一般为保护层或保温层、防水层、找平层、主体结构（外墙）、室内墙面。保温层可根据建筑节能设计标准要求设定，找平层可根据基层的平整程度或防水材料的特性取舍。地下室顶板外防水构造层次（由上到下）一般为面层、保护层、隔离层、找平层、找坡层、保温层、防水层、找平层、主体结构（顶板）。找坡层可根据材料或工程具体情况设置，也可置于保温层下面，保温层可根据建筑节能设计标准要求设置。

1.5.2　防水混凝土

防水混凝土可通过调整配合比，或掺加外加剂、掺合料等措施配置而成，以提高混凝土的密实性和抗渗性，其抗渗等级不得小于P6，见表1-5-1。

表1-5-1　防水混凝土设计抗渗等级

工程埋置深度 H/m	设计抗渗等级	工程埋置深度 H/m	设计抗渗等级
$H<10$	P6	$20{\leqslant}H<30$	P10
$10{\leqslant}H<20$	P8	$H{\geqslant}30$	P12

由于防水混凝土的抗渗性随温度的升高而降低，因此防水混凝土的环境温度不得高于80 ℃。防水混凝土结构底板的混凝土垫层，强度等级不应小于C15，厚度不应小于100 mm，在软弱土层中不应小于150 mm。防水混凝土的结构厚度不应小于250 mm，以保证足够的抗渗性。防水混凝土应连续浇筑，宜少留施工缝，施工缝处应做防水处理。常用的防水措施有设置中埋式止水带、外贴式止水带、遇水膨胀止水条等，见图1-5-1。

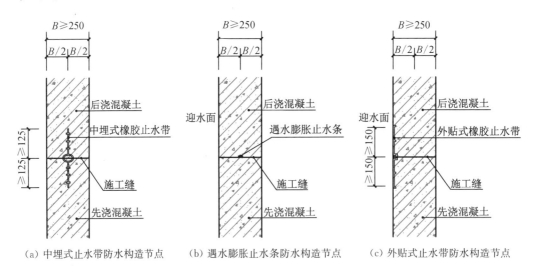

（a）中埋式止水带防水构造节点　　（b）遇水膨胀止水条防水构造节点　　（c）外贴式止水带防水构造节点

图1-5-1　地下室施工缝防水构造

1.5.3　卷材防水层

卷材防水层宜用于经常处在地下水环境，且受侵蚀介质作用或受振动作用的地下工程。卷材防水层应铺设在混凝土结构的迎水面。卷材防水层用于建筑物地下室时，应铺设在结构底板垫层至墙体防水设防高度的结构基面上；用于单建式的地下工程时，应从结构底板垫层铺至顶板基面，并应在外围形成封闭的防水层。

防水卷材的品种规格和层数，应根据地下室防水等级、地下水位高低及水压作用状况、结构构造形式和施工工艺等因素确定。卷材防水层的卷材品种可按表1-5-2选用，并应符合国家现行有关标准的规定。卷材防水层的厚度应符合表1-5-3的规定。阴阳角处应做成圆弧或45°坡角，在转角处、阴阳角等特殊部位应增做卷材加强层，加强层宽度宜为300～500 mm。防水卷材可以单独形成防水层，也可以多层卷材组合或卷材与防水涂料组合形成防水层，从而符合不同防水等级的要求，见图1-5-2～图1-5-4。

表1-5-2　卷材防水层的卷材品种

类别	品种名称
高聚物改性沥青类 防水卷材	弹性体改性沥青防水卷材
	改性沥青聚乙烯胎防水卷材
	自粘聚合物改性沥青防水卷材
合成高分子类 防水卷材	三元乙丙橡胶防水卷材
	聚氯乙烯防水卷材
	聚乙烯丙纶复合防水卷材
	高分子自粘胶膜防水卷材

表1-5-3　不同品种卷材的厚度

卷材品种	高聚物改性沥青类防水卷材			合成高分子类防水卷材			
	弹性体改性沥青防水卷材、改性沥青聚乙烯胎防水卷材	自粘聚合物改性沥青防水卷材		三元乙丙橡胶防水卷材	聚氯乙烯防水卷材	聚乙烯丙纶复合防水卷材	高分子自粘胶膜防水卷材
		聚酯毡胎体	无胎体				
单层厚度/mm	≥4	≥3	≥1.5	≥1.5	≥1.5	卷材：≥0.9 黏结料：≥1.3 芯材：≥0.6	≥1.2
双层总厚度/mm	≥(4+3)	≥(3+3)	≥(1.5+1.5)	≥(1.2+1.2)	≥(1.2+1.2)	卷材：≥(0.7+0.7) 黏结料：≥(1.3+1.3) 芯材：≥0.5	—

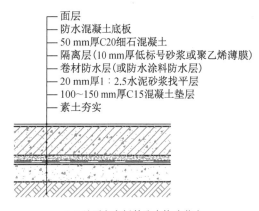

(a) 地下室底板外防水构造节点

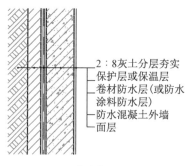

(b) 地下室外墙外防水构造节点

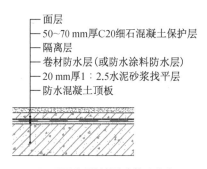

(c) 地下室顶板外防水构造节点

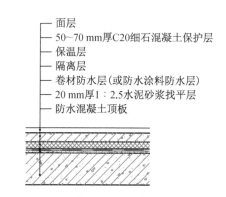

(d) 地下室顶板外防水(有保温层)构造节点

图 1-5-2 卷材、防水涂料防水构造

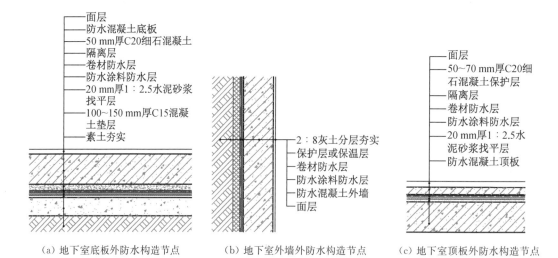

(a) 地下室底板外防水构造节点 (b) 地下室外墙外防水构造节点 (c) 地下室顶板外防水构造节点

图 1-5-3 卷材与防水涂料组合防水构造

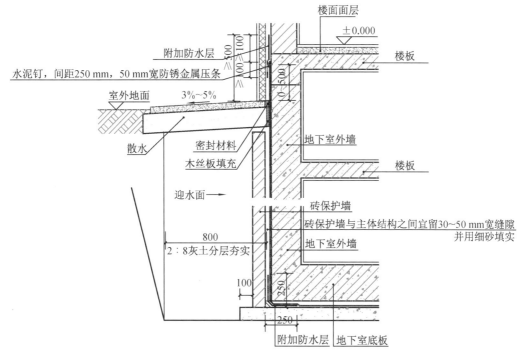

（a）地下室外墙墙身构造节点

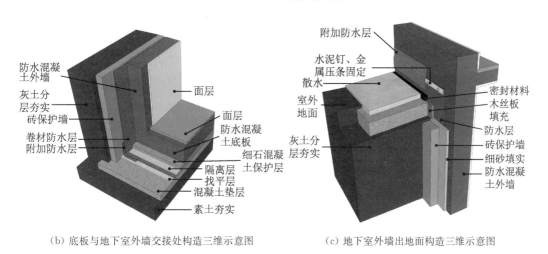

（b）底板与地下室外墙交接处构造三维示意图　　　（c）地下室外墙出地面构造三维示意图

图 1-5-4　地下室卷材防水构造

施工时，卷材防水层的基面应干净、干燥，并应涂刷基层处理剂；当基面潮湿时，应涂刷固化型胶黏剂或潮湿界面隔离剂。基层处理剂应与卷材及其黏结材料的特性相容。铺贴卷材严禁在雨天、雪天、五级及以上大风时施工。

1.5.4　涂料防水层

涂料防水层包括无机防水涂料和有机防水涂料。无机防水涂料可选用掺外加剂、掺合料的水泥基防水涂料和水泥基渗透结晶型防水涂料。有机防水涂料可选用反应型、水乳型、聚合物水泥等涂料。有机防水涂料有较好的延伸性和抗渗性，宜用于地下室主体结构的迎水面；无机防水涂料凝固快、与基面有较强的黏结力，且适合于潮湿的基层，多用于结构主体的背水面和潮湿的基面做防水过渡层。掺外加剂、掺合料的水泥基防水涂料的厚度不应小于 3.0 mm；水泥基渗透结晶型防水涂料的厚度不应小于 1.0 mm；有机防水涂料的厚度不应小于 1.2 mm。埋置深度较深的重要工程、有振动或有较大变形的工程，宜选用高弹性防水涂料；有腐蚀性的地下环境宜选用耐腐蚀性较好的有机防水涂料，并应做刚性保护层，涂料防水层做法见图 1-5-2。

1.5.5 水泥砂浆防水层

防水砂浆包括聚合物水泥砂浆、掺外加剂或掺合料的防水砂浆，宜采用多层抹压法施工；也可与防水卷材组成复合防水层。水泥砂浆防水层可用于地下室主体结构的迎水面或背水面，不应用于受持续振动或温度高于 80 ℃ 的地下工程防水。聚合物水泥砂浆防水层厚度单层施工时宜为 10~15 mm，双层施工时宜为 20~25 mm；掺外加剂、掺合料的水泥砂浆防水层厚度宜为 20~25 mm。防水砂浆防水层适用于干旱少雨地区，或与防水卷材、防水涂料组合使用，见图 1-5-5。

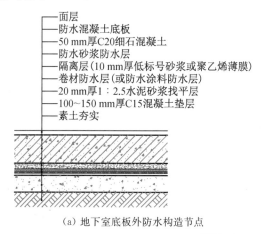

（a）地下室底板外防水构造节点

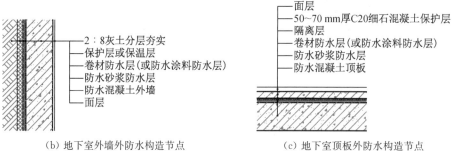

（b）地下室外墙外防水构造节点　　　　（c）地下室顶板外防水构造节点

图 1-5-5　防水砂浆与防水卷材或涂料组合防水构造

施工时水泥砂浆防水层各层应紧密黏合，每层宜连续施工，如需留设施工缝时，应采用阶梯坡形槎，但离阴阳角处的距离不得小于 200 mm。水泥砂浆防水层不得在雨天、五级及以上大风时施工。冬期施工时，气温不应低于 5 ℃。夏季不宜在 30 ℃ 以上或烈日照射下施工。

1.5.6 种植顶板防水

在地下室顶板上种植植物，不仅可以满足环境生态绿化的需求，还可以起到保温、隔热等作用。地下室种植顶板已成为常见的工程做法，见图1-5-6。种植顶板构造设计应符合以下要求：

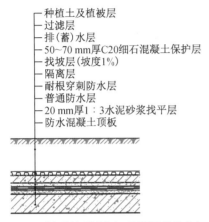

（a）地下室种植顶板防水（无保温）构造节点

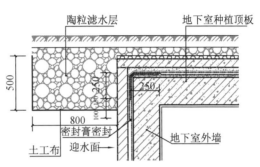

（b）地下室种植顶板散渗排水构造节点

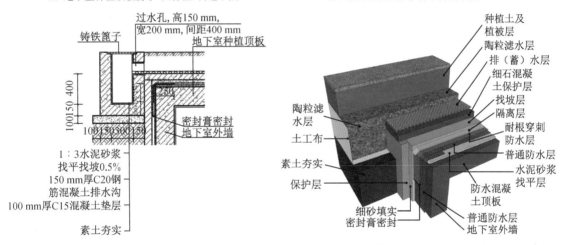

（c）地下室种植顶板管沟排水构造节点

（d）散渗排水构造三维示意图

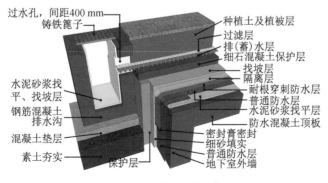

（e）管沟排水构造三维示意图

图1-5-6 地下室种植顶板防水构造

（1）地下室种植顶板的防水等级应为一级。

（2）种植顶板应为现浇防水混凝土，种植顶板厚度不应小于 250 mm。

（3）耐根穿刺防水层应铺设在普通防水层上面，其表面应设置保护层，保护层与防水层之间应设置隔离层。

（4）排（蓄）水层应选用抗压强度大且耐久性好的塑料排水板、网状交织排水板或陶粒等轻质材料，并应设置在保护层上面，结合排水沟分区设置。排（蓄）水层上应设置过滤层，过滤层材料的搭接宽度不应小于 200 mm。

（5）种植顶板的泛水部位应采用现浇钢筋混凝土，泛水处防水层高出种植土应大于 250 mm。

1.5.7　防水层的位置

防水做法应用于外侧（迎水面）时，俗称"外包防水"；只有在修缮工程中才用于内侧（背水面），俗称"内包防水"。

1.5.8　地下室防水细部构造

（1）变形缝

变形缝是伸缩缝、沉降缝和防震缝的总称。建筑物在外界因素作用下常会产生变形，导致开裂甚至破坏。变形缝是针对这种情况而预留的构造缝。变形缝应满足密封防水、适应变形、施工方便、检修容易等要求，其混凝土结构的厚度不应小于 300 mm，见图 1-5-7。

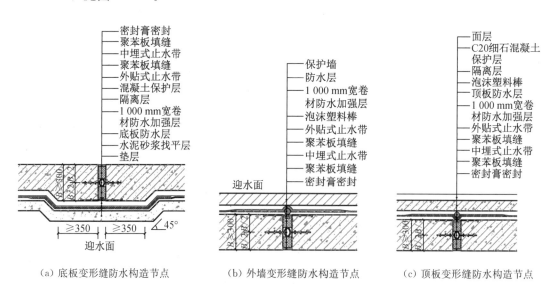

(a) 底板变形缝防水构造节点　　(b) 外墙变形缝防水构造节点　　(c) 顶板变形缝防水构造节点

图 1-5-7　地下室变形缝防水构造

（2）后浇带

后浇带是在施工中为防止出现钢筋混凝土结构由于自身收缩不均或沉降不均可能产生的有害裂缝，在相应位置留设的混凝土带。后浇带将结构暂时划分为若干部分，经过构件内部收缩，在一定时间后再浇筑该混凝土带，将结构连成整体。

后浇带应设置在受力和变形较小的部位，间距宜为 30～60 m，宽度宜为 700～1 000 mm，见图 1-5-8。

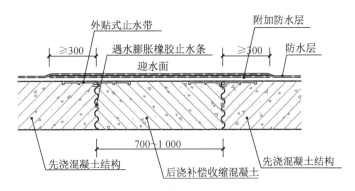

图 1-5-8　地下室后浇带防水构造

（3）穿墙管(盒)

穿墙管(盒)应在浇混凝土前预埋。穿墙管与内墙角、凹凸部位的距离应大于250 mm。结构变形或管道伸缩量较小时，穿墙管可采用主管直接埋入混凝土内的固定式防水法，主管应加焊止水环或环绕遇水膨胀止水圈。结构变形或管道伸缩量较大或有更换要求时，应采用套管式防水法，套管应加焊止水环，当穿墙管线较多时，宜相对集中，采用穿墙盒方法，见图 1-5-9。

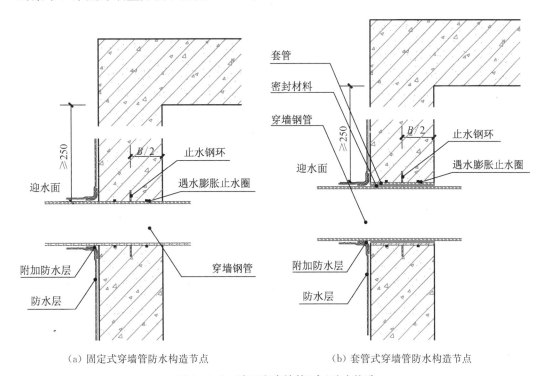

（a）固定式穿墙管防水构造节点　　　　（b）套管式穿墙管防水构造节点

图 1-5-9　地下室穿墙管(盒)防水构造

（4）孔口

地下室通向地面的各种孔口应采取防地面水倒灌的措施。人员出入口高出地面高度宜为 500 mm，汽车出入口设置明沟排水时，其沟深大于 150 mm，同时应设反坡，坡高应大于等于 100 mm 并应采取防雨措施。

窗井又称采光井，它是考虑地下室的平时利用，在外墙的外侧设置的采光竖井。窗井宽度应不小于 1 000 mm，它由底板和侧墙构成，侧墙可以是砖墙或钢筋混凝土墙板，底板一般为钢筋混凝土浇筑，并应有 1‰～3‰的坡度坡向外侧。窗井上部应有铸铁箅子或聚碳酸酯板（阳光板）覆盖，以防物体掉入或人员坠入。

窗井的底部在最高地下水位以上时，窗井底板和墙应做防水处理，并宜与主体结构断开。窗井或窗井的一部分在最高地下水位以下时，窗井应与主体结构连成整体，其防水层也应连成整体，并在窗井内设集水坑或排水管，与建筑排水系统相连。无论地下水位高低，窗台下部的墙体和底板都应做防水层。窗井内的底板面标高，应比窗台下缘低 300 mm。窗井墙高出地面不得小于 500 mm。窗井外地面应做散水，散水与墙面间应采用密封材料嵌填，见图 1-5-10。

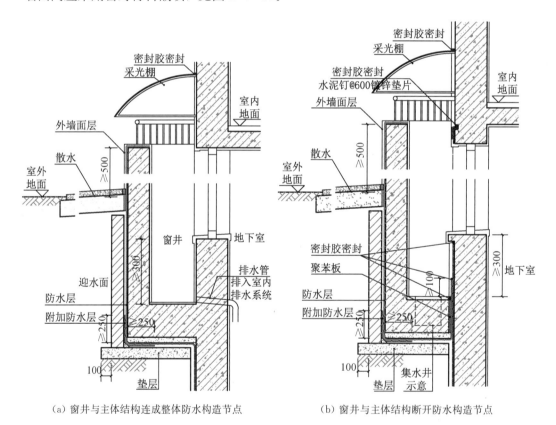

（a）窗井与主体结构连成整体防水构造节点　（b）窗井与主体结构断开防水构造节点

图 1-5-10　地下室窗井防水构造

（5）坑、池

地下室内的坑、池、储水库宜采用防水混凝土整体浇筑，内部应设防水层，受振动作用时应设柔性防水层。底板以下的坑、池，其局部底板必须相应降低，并使防水层保持连续，见图 1-5-11。

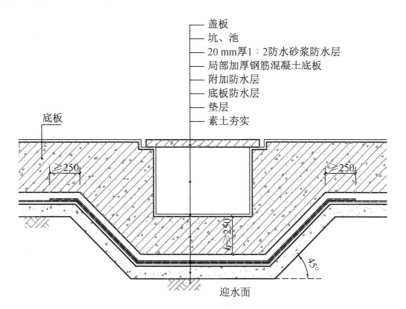

图 1-5-11　地下室坑、池防水构造

第二章

墙体的基本构造

2. 1　墙体的分类

墙体分类方式大致有 4 种。

1. 按墙体所处位置分类

墙体按在平面上所处的位置可以分为外墙（也称外围护墙）和内墙（也称隔墙）。外墙位于房屋的四周，与外界直接接触，起承重、围护作用。内墙位于房屋内部，主要起分隔内部空间的作用。墙体按房屋短轴布置的称为横墙，房屋外围的横墙称为山墙。按房屋长轴布置的称为纵墙，房屋外围的纵墙称为外纵墙，房屋内部的纵墙称为内纵墙。根据墙体与门窗的位置关系，窗洞口之间、门窗洞口之间的墙体称为窗间墙，立面上上下窗洞口之间的墙称为窗下墙。平屋顶四周高出屋面部分的墙称为女儿墙。见图 2-1-1。

2. 按受力情况分类

墙体按结构竖向的受力情况分为承重墙和非承重墙两种。承重墙起承重、围护和分隔空间的作用，非承重墙只起围护和分隔空间作用。

在砖混结构中，承重墙直接承受楼板、屋顶传下来的垂直荷载和风、地震等外力作用。承重墙是整个房屋的骨架，支承在基础上，决定房屋的安全性。承重墙根据所处位置不同分为纵向承重墙和横向承重墙，见图 2-1-2。砖混结构中的非承重墙可以分为承自重墙和隔墙。承自重墙不承受外力，只承受自身质量，并把自重传给基础。承自重墙一般都直接落地并有基础。隔墙不承受楼板、屋顶传来的荷载，只起分隔空间的作用，一般支承在楼板或梁上，见图 2-1-3(a)。隔墙一般选用轻质、简易的材料。

在框架结构中，非承重墙可以分为填充墙和幕墙。填充墙是位于梁柱之间、只起分隔和围护空间的墙体，见图 2-1-3(b)。幕墙是悬挂于建筑主体结构外围上轻而薄的墙体，不承担结构荷载，主要起围护作用。幕墙的自重和风力荷载通过其与主体梁柱部位的连接固定件传递到主体结构上。位于高层建筑外围的幕墙，不承受竖向的外部

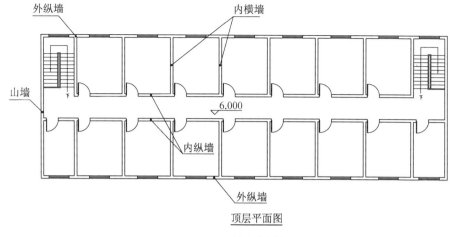

顶层平面图

（a）平面示意图

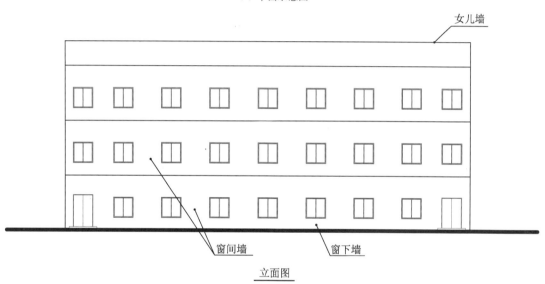

立面图

（b）立面示意图

图 2-1-1 墙体各部分名称

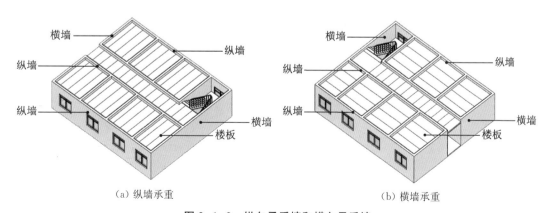

（a）纵墙承重 （b）横墙承重

图 2-1-2 纵向承重墙和横向承重墙

荷载，但受高空气流影响需承受以风力为主的水平荷载，并通过与梁柱的连接传递给框架系统，见图 2-1-3(c)。

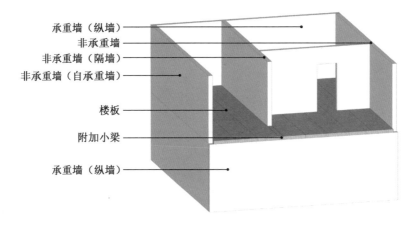

承重墙（纵墙）
非承重墙
非承重墙（隔墙）
非承重墙（自承重墙）
楼板
附加小梁
承重墙（纵墙）

（a）纵墙承重三维示意图

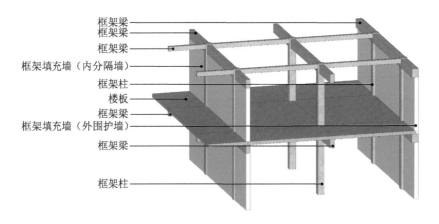

框架梁
框架梁
框架梁
框架填充墙（内分隔墙）
框架柱
楼板
框架梁
框架填充墙（外围护墙）
框架梁
框架柱

（b）框架结构填充墙三维示意图

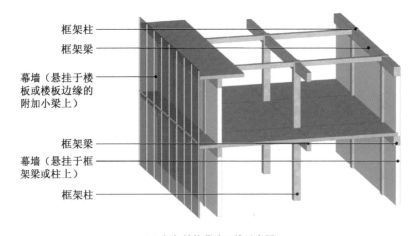

框架柱
框架梁
幕墙（悬挂于楼板或楼板边缘的附加小梁上）
框架梁
幕墙（悬挂于框架梁或柱上）
框架柱

（c）框架结构幕墙三维示意图

图 2-1-3　承重墙与非承重墙三维示意图

3. 按墙体的材料和构造方式分类

墙体按材料和构造方式可以分为实体墙、空体墙（包含空心砌块墙、空斗墙）、复合墙和集热蓄热墙四种，见图 2-1-4。

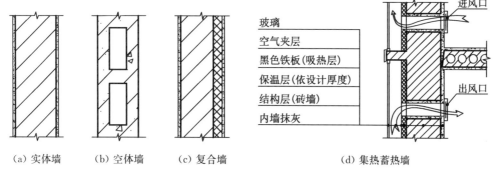

（a）实体墙　　（b）空体墙　　（c）复合墙　　　　　　（d）集热蓄热墙

图 2-1-4　墙体的构造做法

（1）实体墙为单一材料砖组砌而成的实心墙体，如黏土砖墙、实心砌块墙、混凝土墙、钢筋混凝土墙等。

（2）空体墙分为空心砌块墙和空斗墙。其中，空心砌块墙采用多孔砖或空心砌块砌筑，见图 2-1-5。砖或者砌块的竖向孔洞虽然减少了砖的承压面积，但砖的厚度增加，故砖的承载能力与普通砖相比还略有增加，而且保温能力也有所提高。此类墙体主要用于框架结构的外围护墙和内分隔墙。空斗墙是由单一材料砖组砌成带内部空腔的墙体，见图 2-1-6。空斗墙的砌筑方式分斗砖和眠砖，砖竖放叫斗砖，平放叫眠砖。空斗墙是我国民间传统常用的砌筑方式，抗震设防地区不应使用。

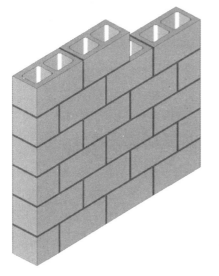

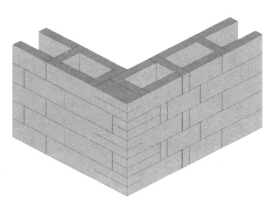

图 2-1-5　空心砌块墙三维示意图　　　**图 2-1-6　空斗墙三维示意图**

（3）复合墙由两种以上材料组合而成，主体结构为普通砖、多孔砖或钢筋混凝土板材。在其内侧或外侧复合轻质保温材料。例如，钢筋混凝土和加气混凝土构成的复合板材墙，其中钢筋混凝土起承重作用，加气混凝土起保温隔热作用。常用的保温材料有膨胀型聚苯乙烯板、挤塑型聚苯乙烯板、胶粉聚苯颗粒、硬泡聚氨酯等。复合墙通过不同性能材料的组合达到最佳的建筑效果，是一种广泛应用的墙体基本构造方法。

（4）集热蓄热墙又称特朗勃墙，在南向外墙(除窗户以外)的墙面上覆盖玻璃，墙表面涂成黑色，在墙的上下部位留有通风口，使热风自然对流循环，把热量交换到室内。一部分热量通过热传导传送到墙的内表面，然后以辐射和对流的形式向室内供热；另一部分热量加热玻璃与墙体间夹层内的空气，热空气由墙体上部的风口向室内供热。室内冷空气由墙体下部风口进入墙外的夹层，再由太阳加热进入室内，如此反复循环，向室内供热。采用集热蓄热墙时，空气夹层宽度宜取其垂直高度的 1/20～1/30，适宜的宽度为 80～100 mm。对流风口面积一般取集热蓄热墙面积的 1%～3%。上下风口垂直间距应尽量拉大。夏天为避免热风从集热蓄热墙上风口进入室内应关闭上风口，打开空气夹层通向室外的风口，使夹层中的热空气排出。同时，为了遮挡阳光的直射，可以设置遮阳板，但必须合理设计，以避免其冬天对集热蓄热墙造成遮挡。集热蓄热墙设计应符合下列规定：

① 集热蓄热墙的组成材料应有较大的热容量和导热系数，并应确定其合理厚度。

② 集热蓄热墙向阳面外侧应安装玻璃或透明材料，并应与集热蓄热墙向阳面保持 100 mm 以上的距离。

③ 集热蓄热墙向阳面应选择太阳辐射吸收系数大、耐久性能强的表面涂层进行涂覆。

④ 集热蓄热墙应设置对流风口，对流风口上应设置可自动或便于关闭的保温风门，并宜设置风门逆止阀。

⑤ 应设置防止夏季室内过热的排气口。

集热蓄热墙是在玻璃与它所供暖的房间之间设置蓄热体，与直接受益窗比较，其具有良好的蓄热能力、较小的室内温度波动、良好的热舒适性。但是集热蓄热墙系统构造较复杂，系统效率取决于集热蓄热墙的蓄热能力、是否设置通风口以及外表面的玻璃性能。

4. 按施工方法分类

墙体按施工方法可分为块材墙、版筑墙及板材墙三种。块材墙也称为叠砌墙、砌体墙，是用砂浆等胶结材料将预先加工好的砖石块材等通过一定的砌筑方式组砌而成的墙体，如砖墙、石墙及各种砌块墙等。版筑墙是在施工现场直接支模板，在模板内夯筑或浇筑各种材料而成的墙体，如现浇混凝土、夯土墙等。板材墙是在工厂预先制成墙体构件，在施工现场进行机械组装而成的墙，如预制混凝土大板墙、各种轻质条板内隔墙、玻璃幕墙等。骨架墙可以看成是由多种材料复合而成的构架板材，也可以看成是板材墙的一种形式。

2.2 砌体墙的常用材料

砌体墙是用砂浆等胶结材料将块材按照一定的规律和方式黏结砌筑而成的建筑部件，常用块材主要为砖、砌块和石材。砌体墙是建筑物的重要组成部分，需具有一定的强度、保温、隔热、隔声性能和承载能力。砌体墙生产制造及施工操作简单，不需要大型的施工设备，但是现场湿作业较多、施工速度慢、劳动强度较大。

2.2.1 块材

1. 砖

砖的种类很多，按照材料分类，有黏土砖、灰砂砖、页岩砖、煤矸石砖、水泥砖以及各种工业废料砖，如炉渣砖等。按照砖的外观造型分类，有实心砖、空心砖和多孔砖。按照生产工艺分类，有烧结砖和非烧结砖，非烧结砖又分为压制砖、蒸养（压）砖。目前常用的主要有烧结砖（包括烧结普通砖、烧结多孔砖和烧结空心砖），蒸养（压）砖（包括灰砂砖、粉煤灰砖和炉渣砖）。

（1）烧结普通砖是指各种烧结的无孔或者孔洞率小于 15％的实心砖，其制作的主要原材料可以是黏土、粉煤灰、煤矸石、页岩和淤泥等。按所用原料分为黏土砖（代号 N）、贝岩砖（代号 Y）、煤矸石砖（代号 M）、粉煤灰砖（代号 F）、建筑渣土砖（代号 Z）、淤泥砖（代号 U）、污泥砖（代号 W）、固体废弃物砖（代号 G）。按功能分为普通砖和装饰砖。烧结黏土砖是我国传统的墙体材料。它虽然具有较高的强度和热工、防火、抗冻性能，但由于黏土材料占用耕地面积，将逐步退出历史舞台。常用的实心砖规格（长×宽×厚）为 240 mm×115 mm×53 mm，加上砌筑时所需的灰缝尺寸，正好形成 4：2：1 的尺度关系，便于砌筑时相互搭接和组合。烧结普通砖的强度等级分为 MU30、MU25、MU20、MU15 和 MU10 共五个等级。

（2）烧结空心砖是以黏土、贝岩、煤矸石、粉煤灰、淤泥为主要原料经处理、成型、焙烧而成的。孔洞率不小于 40％，孔洞为水平孔，平行于大面和条面，孔洞尺寸大而少。长度规格尺寸（mm）：390、290、240、190、180（175）、140；宽度规格尺寸（mm）：190、180（175）、140、115；高度规格尺寸（mm）：180（175）、140、115、90。常规的长度为 290 mm 或 190 mm，宽度为 240 mm 或 140 mm，高度为 90 mm。烧结空心砖强度等级分为 MU10.0、MU7.5、MU5.0、MU3.5 四个等级。烧结空心砖能够节约材料，质量轻，加快施工速度，节约造价，但抗震性能差，适用于非承重墙体。

（3）烧结多孔砖是以黏土、贝岩、煤矸石、粉煤灰为主要原料焙烧而成，孔洞率在 15％～30％，孔洞垂直于受压面，孔洞尺寸小而多。烧结多孔砖长度规格尺寸（mm）：290、240、190、180、140、115、90。烧结多孔砖分为 P 型砖和 M 型砖两种：P 型多孔砖尺寸（长×宽×厚）为 240 mm×115 mm×90 mm，M 型多孔砖尺寸为 190 mm×190 mm×90 mm。市场上同时也在生产半砖和七分砖配合主规格使用，半砖是 120 mm×115 mm×90 mm，七分砖是 180 mm×115 mm×90 mm。强度等级分为

MU30、MU25、MU20、MU15、MU10 五个等级。烧结多孔砖质量轻、耐用、保温性能良好、不会轻易变形、成本比空心砖低，主要应用于承重墙体。

烧结空心砖和烧结多孔砖均不能应用于地面以下或防潮层以下的砌体。

（4）蒸压灰砂砖是以石灰和石英砂为主要原料，成型后经蒸压养护而成。蒸压灰砂砖是一种比烧结砖质量大的承重砖，隔声能力、蓄热能力和耐久性较好，有空心砖也有实心砖。强度等级分为 MU30、MU25、MU20、MU15、MU10 等五个等级。由于使用蒸压灰砂砖的建筑容易出现墙体裂缝，2011 年开始中国国内部分地区已经禁用。

（5）粉煤灰砖是指以粉煤灰、石灰或水泥为主要原料，掺加适量石膏和细集料经胚料制备、压制成型、高压或常压养护或自然养护而成的砖，分为蒸压粉煤灰砖和蒸养粉煤灰砖。蒸压粉煤灰砖是经高压蒸汽养护而成，蒸养粉煤灰砖是常压下蒸汽养护制成的实心砖。两种砖的原材料和制作过程基本一样，只是两者的养护工艺不同。蒸养粉煤灰砖性能不及蒸压粉煤灰砖，使用蒸养粉煤灰砖的墙体易出现开裂现象。蒸压粉煤灰砖强度等级分为 MU30、MU25、MU20、MU15、MU10 等五个等级，尺寸为 240 mm×115 mm×53 mm。它强度高、性能稳定，可替代实心黏土砖用于工业与民用建筑的墙体和基础，但用于基础或用于易受冻融和干湿交替作用的建筑部位，必须使用 MUl5 及以上强度等级的砖。粉煤灰砖不得用于长期受热（200 ℃以上）及受急冷急热交替作用或有酸性介质侵蚀的建筑部位，为避免或减少收缩裂缝的产生，用粉煤灰砖砌筑的建筑物，应适当增设圈梁及伸缩缝。

（6）炉渣砖又称煤渣砖，是用炉渣和石灰制成的，强度等级分为 MU20、MU15、MU10 等三个等级。可用于一般建筑物的内墙和非承重外墙，使用要点同粉煤灰砖。

2. 砌块

砌块是利用混凝土、工业废料或地方材料制成的人造块材，外形尺寸比黏土砖大，砌筑时可提高砌筑速度，具有轻质、高强、耐火、防水、易加工等优点，可作为普通黏土实心砖的替代材料。

砌块按尺寸不同，分为小型砌块、中型砌块和大型砌块。高度大于 115 mm 而小于 380 mm 的称为小型砌块，高度为 380～980 mm 的称为中型砌块，高度大于 980 mm 的称为大型砌块。小型砌块的外形尺寸（宽×高×长）常见的有 190 mm×190 mm×190 mm、190 mm×190 mm×250 mm、190 mm×190 mm×390 mm，辅助砌块为 90 mm×190 mm×190 mm 等，中型砌块有 240 mm×280 mm×380 mm，240 mm×580 mm×380 mm 等。目前生产的砌块因产地不一，所以规格大小、类型不统一。为了使用方便，又不动用起重设备，砌块的使用以中、小型为主，其中用小型砌块的更为普遍。

砌块按外观形状不同，分为实心砌块和空心砌块。空心率小于 25％或无孔洞的砌块为实心砌块；空心率大于或等于 25％的砌块为空心砌块。空心砌块有单排方孔、单排圆孔和多排扁孔三种形式，其中多排扁孔对保温较有利。按砌块在组砌中的位置与作用可以分为主砌块和各种辅助砌块。

砌块按材料不同，分为普通混凝土小型砌块、轻集料混凝土小型空心砌块、粉煤灰小型空心砌块、蒸压加气混凝土砌块、硅酸盐砌块、石膏砌块、煤矸石砌块、淤泥砌块等。

（1）普通混凝土小型砌块是由水泥、矿物掺合料、砂、石、水等为原材料，经搅拌、振动成型等工艺制成的小型砌块；包括空心砌块（空心率不小于 25%，代号 H）和实心砌块（空心率小于 25%，代号 S）。砌块按使用时砌筑墙体的结构和受力情况，分为承重结构用砌块（代号 L，简称承重砌块）和非承重结构用砌块（代号 N，简称非承重砌块）。其外形为直角六面体，规格尺寸为：长度 390 mm，宽度 90 mm、120 mm、140 mm、240 mm、290 mm，高度 90 mm、140 mm、190 mm。按砌块的抗压强度分级，空心承重砌块分为 MU7.5、MU10.0、MU15.0、MU20.0、MU25.0 等五个等级；非承重空心砌块分为 MU5.0、MU7.5、MU10.0 等三个等级；实心承重砌块分为 MU15.0、MU20.0、MU25.0、MU30.0、MU35.0、MU40.0 等六个等级；非承重实心砌块分为 MU10.0、MU15.0、MU20.0 等三个等级。

（2）轻集料混凝土小型空心砌块是用轻集料混凝土制成的小型空心砌块。按砌块孔的排数分为：单排孔、双排孔、三排孔和四排孔等。其规格尺寸为 390 mm × 190 mm × 190 mm。强度等级分为 MU2.5、MU3.5、MU5.0、MU7.5、MU10.0 等五个等级。

（3）粉煤灰混凝土小型空心砌块是以粉煤灰、水泥、集料、水为主要成分（也可加入外加剂），制成的混凝土小型空心砌块，代号 FHB。按砌块孔的排数分为单排孔、双排孔和多排孔三类。其规格尺寸为 390 mm × 190 mm × 190 mm。强度等级分为 MU3.5、MU5、MU7.5、MU10、MU15、MU20 等六个等级。

（4）粉煤灰砌块是以粉煤灰、石灰、石膏及骨料等为原料，加水搅拌、振动成型、蒸汽养护而制成的密实砌块，代号 FB。其规格尺寸为 880 mm × 380 mm × 240 mm 和 880 mm × 430 m × 240 mm 两种。强度等级分为 10 级和 13 级两个等级。粉煤灰砌块可用于一般建筑的墙体与基础，但常处于高温下的建筑部位与有酸性介质侵蚀的部位不宜使用。

（5）蒸压加气混凝土砌块由钙质原料（如水泥、石灰等）、硅质材料（如石英砂、粉煤灰、矿渣等）和加气剂（铝粉）按照一定比例混合、发泡、蒸汽养护而成，代号 ACB。其规格尺寸为：长度 600 mm，宽度 100 mm、120 mm、125 mm、150 mm、180 mm、200 mm、240 mm、250 mm、300 mm，高度 200 mm、240 mm、250 mm、300 mm。抗压强度等级分为 A1.0、A2.0、A2.5、A3.5、A5.0、A7.5、A10 七个等级。加气混凝土砌块质轻、绝热、隔声、耐火，除用作墙体材料外还可以用作屋面保温材料，但不能应用于基础，处于浸水、高湿和有化学侵蚀介质的环境，建筑承重部位以及温度大于 80 ℃的部位。当与其他材料组合成为具有保温隔热功能的复合墙体时，应在地面和防潮层以上使用；当用在最外层时，应有抗冻融和防水功能的保护层。

3. 石材

石材主要为毛石和料石。毛石也称乱石，是指以开采所得、未经加工的形状不规则的天然石块。一般石块直径不小于 300 mm，根据其平整度，可以细分为乱毛石和平毛石。形状不规则的叫乱毛石；有两个大致平行面的称为平毛石。毛石主要用于砌筑建筑物的基础、勒脚、墙身、挡土墙、堤岸及护坡，还可以用于浇筑片石混凝土。料石是指以人工斩凿或机械加工而成，形状比较规则的六面体石块。按表面加工平整程度分为毛料石、粗料石、半细料石、细料石四种。按外形划分为条石、方石和拱石（楔形）。料石主要用于建筑物的基础、勒脚、墙体等部位，半细料石和细料石主要用作镶面材料。石材的构造方式与砖砌体结构相同，但因为采集和切割较为困难，自重大，在墙体材料中应用有限。

2.2.2　胶结材料

块材与块材之间需通过胶结材料黏结成墙体。胶结材料起着嵌缝、提高墙体的平整度和保温、隔热、隔声的作用。砌筑砂浆是砌块墙主要的胶结材料。砂浆要求有一定的强度，以保证墙体的承载能力，还要求有适当的和易性，方便施工。

1. 砌筑砂浆的分类

根据材料不同，砂浆可分为石灰砂浆、水泥砂浆、混合砂浆、特殊砂浆等。

（1）石灰砂浆由石灰膏、砂加水拌合而成，强度和防潮性能均差，但和易性好、平滑度和工作性好，用于强度要求低的墙体。

（2）水泥砂浆由水泥、砂加水拌合而成，强度高、防潮性能好，但容易析出水分，不易正常硬化而影响砖砌筑，适合于受力要求高和潮湿环境中的墙体砌筑。一般±0.000以下或防潮层以下选用水泥砂浆砌筑。

（3）混合砂浆由水泥、石灰膏、砂加水拌合而成，其特点综合了水泥砂浆和石灰砂浆的优点。其强度较高，和易性和保水性较好，平滑度和工作性好，易于施工操作，故使用广泛，常用于建筑中地面以上的砌体。

烧结砖、蒸压普通砖和石材砌筑常用普通砂浆，蒸压普通砖、加气混凝土砌块砌筑用专用砂浆。一些块材表面较光滑，如蒸压粉煤灰砖、蒸压灰砂砖、蒸压加气混凝土砌块等，砌筑时需要加强与砂浆的黏结力，要求采用经过配方处理的专用砌筑砂浆，或采取提高块材和砂浆间黏结力的相应措施。

2. 砌筑砂浆的强度等级

砂浆的强度等级分为七级：M30、M25、M20、M15、M10、M7.5、M5。M5级以上属高强度砂浆。在同一段砌体中，砂浆和块材的强度有一定的对应关系，以保证砌体的整体强度不受影响。

2.3　砌体墙构造

本节主要介绍砖墙和砌块墙的构造。

2.3.1　砌体墙设计要求

1. 砖墙

（1）整体设计要求

砖砌体建筑在进行抗震设计时应严格执行《建筑抗震设计规范》（GB 50011—

2010)的相关规定。多层砖砌体房屋的层高不应超过 3.6 m。当使用功能确有需要时，采用约束砌体等加强措施的普通砖房屋，层高不应超过 3.9 m。单层砖砌体房屋可根据工程具体情况，参照多层房屋采取适当的构造措施；非抗震设计的多层砖砌体房屋可参照抗震设防烈度为 6 度地区的构造要求，加强房屋的整体性。

（2）构造要求

砖砌筑的承重墙厚度不应小于 190 mm。墙体转角处和纵横墙交接处应同时砌筑，无构造柱时应沿竖向每隔 400～500 mm 设拉结钢筋，其数量为每 120 mm 墙厚不少于一根 Φ6 的钢筋。或采用焊接钢筋网片，埋入长度从墙的转角或交接处算起，非抗震设计时，实心砖墙每边不小于 500 mm，多孔砖墙每边不小于 700 mm；抗震设防时，实心砖墙每边不小于 1 000 mm，多孔砖墙每边不小于 1 400 mm。设防烈度为 6、7 度时且长度大于 7.2 m 的大房间，8 度时外墙转角及内外墙交接处，应沿墙高每隔 500 mm 配置 2Φ6 的通长钢筋和 Φ4 分布短筋，平面内点焊组成拉结网片或 Φ4 点焊网片。

2. 砌块墙

（1）整体设计要求

采用轻骨料混凝土小型空心砌块或蒸压加气混凝土砌块砌筑墙体时，墙体底部应砌烧结普通砖、多孔砖或现浇混凝土条基（翻边）等，其高度不宜低于 200 mm。蒸压加气混凝土砌块墙体适用于非抗震设计和抗震设防烈度小于等于 8 度地区。蒸压加气混凝土砌块不得在以下部位使用：长期浸水或经常干湿循环交替的部位；受化学物质侵蚀（如强酸、强碱或高浓度二氧化碳等）的环境；制品表面经常处于 80 ℃ 以上的高温环境；易受局部冻融部位。蒸压加气混凝土砌块用作墙体时其表面应做饰面保护层。蒸压加气混凝土砌块与不同材料（如构造柱、门窗过梁等）的界面、接缝处，应用专用砂浆增强玻纤网格布加强，砂浆可用聚合物水泥砂浆，也可采用粉刷石膏。宜在墙顶部放置通长高强弹性材料（如交联聚乙烯泡沫等），再用防腐木楔顺墙长方向楔紧。蒸压加气混凝土砌块宜采用专用砂浆砌筑，灰缝饱满。

（2）构造要求

① 砌块墙应满足建筑模数协调，平面设计宜以 2M 为基本模数，特殊情况下可采用 1M。竖向设计及墙体的分段净长应为 2M 或 1M。梁、柱、门窗洞口的平面与竖向（高度）尺寸宜符合 1M 的基本模数。

② 用作外墙的砌块墙应符合保温、隔热、防水、防火、隔声、强度等级及稳定性要求；砌块的强度等级不宜低于 MU5.0，轻集料砌块的强度等级不低于 MU2.5，砌块砂浆一般不低于 M5.0。

③ 小砌块的组合尽量采用 390 mm 长的主砌块，上、下皮应错缝搭砌，一般搭接长度为 190 mm，每两皮为一循环。当墙体净长度为奇数时，宜用 290 mm 长的辅助块调整，此时搭接长度为 90 mm。蒸压加气混凝土砌块砌筑时应上下错缝，搭接长度不宜小于砌块长度的 1/3。

④ 墙长大于 5 m，或大型门窗洞口两边应同梁板或楼板拉结或加构造柱，应在墙高的中部加设圈梁或钢筋混凝土配筋带，窗间墙宽不宜小于 600 mm。

⑤ 墙与柱交接处应设拉结筋，沿高度每隔 0.5 m 设 2Φ6 拉结筋伸入墙内长 1 m。

⑥ 砌体孔洞要预留，不得随意打凿，孔洞周边应做好防渗漏处理。

⑦ 厨房、卫生间等用水房间隔墙下宜做高度不小于 120 mm 的 C20 现浇混凝土条带。

⑧ 女儿墙应设构造柱及现浇钢筋混凝土压顶。

⑨ 砌体芯柱部位的砌块孔洞必须贯通，在每楼层底部应设置有清扫口的芯柱砌块。

⑩ 清水外墙的小砌块抗渗性应满足《普通混凝土小型空心砌块》(GB/T 8239—2014)的规定。

2.3.2 砌体墙的砌筑方式

1. 砖墙

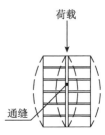

图 2-3-1　垂直通缝

砖墙的砌筑方式是指砖块在墙体中排列的方式。为了保证砖墙稳固、受力均匀，砖块的排列应遵循砖缝横平竖直、砂浆饱满均匀、接槎牢固、上下错缝的原则，因砂浆是墙体受力的薄弱环节，故应避免垂直通缝，见图 2-3-1。墙体内部出现连续的垂直通缝，将影响砖墙的强度和稳定性。

目前我国通用砖的比例为 1∶2∶4(53 mm×115 mm×240 mm)，在砖墙的组砌中，把砖的长度方向垂直于墙面砌筑的砖叫丁砖，把砖的长度方向平行于墙面砌筑的砖叫顺砖，见图 2-3-2。竖放短边面朝外的砖为立砖，竖放长边面朝外的砖为竖砖，见图 2-3-3。丁砖和顺砖的砌筑可根据墙体需要的图案变化而进行不同的组合，可以层层交错，也可以在同一层内交错或隔一定高度交错。上下两皮砖之间的水平缝称横缝，左右两块砖之间的缝称竖缝。标准缝宽 10 mm，可以在 8～12 mm 间进行调节。要求丁砖和顺砖交替砌筑，灰浆饱满均匀、横平竖直。错缝长度一般不应小于 1/4 砖长。一层砖称为"一皮砖"，其标准尺寸为 60 mm(砖厚加灰缝)。砖墙的长度要符合 3M 的模数(300 mm＝顺砖 240 mm＋丁砖 60 mm)。砖墙的厚度应符合一砖或半砖的模数，即从最薄的单砖立砌厚度 60 mm 到半砖的 120 mm，再依次按照砖的模数(砖宽 115 mm 加灰缝宽度)增加厚度，如 370 mm、490 mm、620 mm、740 mm、870 mm 等。在砖墙的转角处应妥善安排砖块的排列，以保证在错缝搭接的前提下避免切砖。砖墙常用的四种砌筑方式，见图 2-3-4。

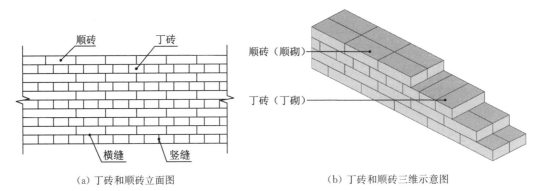

(a) 丁砖和顺砖立面图　　　　　　(b) 丁砖和顺砖三维示意图

图 2-3-2　丁砖和顺砖

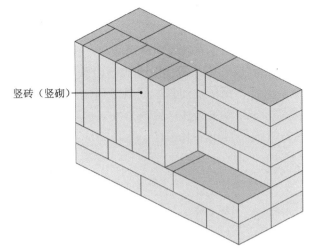

竖砖（竖砌）

图 2-3-3　竖砌三维示意图

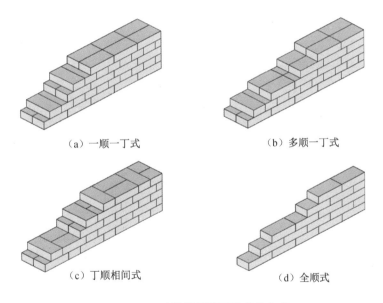

（a）一顺一丁式　　　　　　　　（b）多顺一丁式

（c）丁顺相间式　　　　　　　　（d）全顺式

图 2-3-4　砖墙常用的四种砌筑方式

2. 小型砌块墙的组砌

（1）小型砌块墙的组砌

应尽量采用 390 mm 长的主砌块，少用辅助砌块。上下皮应错缝搭砌，一般搭接长度为 200 mm，每两皮为一循环。当墙体净长度为奇数时，宜用 290 mm 长的辅助块调整，此时搭接长度为 90 mm。为了避免砍断砌块，应事先对砌块进行排列设计。排列设计就是把不同规格的砌块在墙体中的安放位置用平面图和立面图加以表示。

砌块排列设计应满足以下要求：①上下皮应错缝搭接；②墙体交接处和转角处应使砌块彼此搭接；③优先采用大规格砌块并使主砌块的总数量在 70% 以上；④为减少砌块规格，允许使用极少量的砖来镶砌填缝；⑤采用混凝土空心砌块时，上下皮砌块应孔对孔、肋对肋以保证有足够的接触面；⑥在内外墙的交接处和转角处，应使砌块互相搭接，砌块不能搭接时，可采用Φ4～Φ6钢筋网拉结；⑦当砌块墙组砌时出现通缝或错缝距离不足150 mm时，应在通缝处加钢筋网片，使之拉结成整体。

　　砌块墙体中需要预留的洞口、管井等均应在砌筑时预留，严禁在砌筑好的墙体上打凿。设计预留的洞口、管线、槽口及门窗、设备等固定点及块型应在墙体排块图上标注。墙体排块一般要做好丁字墙设芯柱，见图2-3-5；转角墙设芯柱，见图2-3-6；丁字墙设构造柱，见图2-3-7；转角墙设构造柱，见图2-3-8；窗间墙砌块，见图2-3-9；十字墙砌块，见图2-3-10。

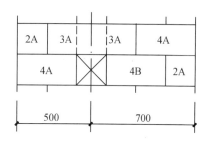
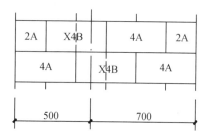

（a）丁字墙设芯柱立面砌块布置图

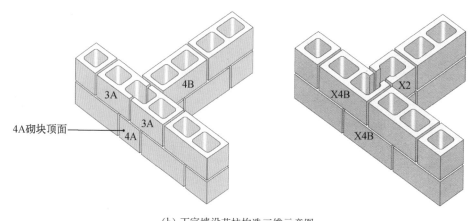

（b）丁字墙设芯柱构造三维示意图

图2-3-5　丁字墙设芯柱

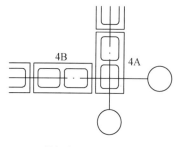
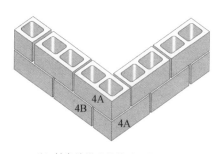

（a）转角墙设芯柱平面布置图　　　　（b）转角墙设芯柱构造三维示意图

图2-3-6　转角墙设芯柱

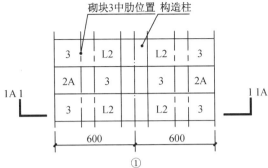

注：L2:U形190 mm×190 mm×190 mm；2A:190 mm×190 mm×190 mm；3:290 mm×190 mm×190 mm

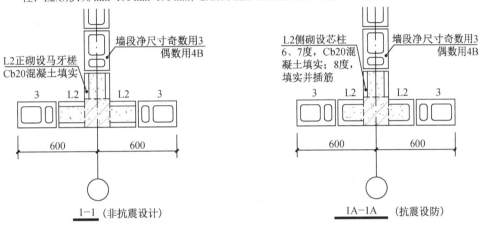

图 2-3-7　丁字墙设构造柱平面布置图

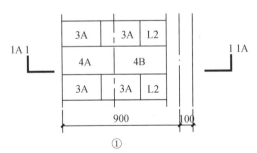

注：3A:290 mm×190 mm×90 mm；4A:390 mm×190 mm×90 mm；4B:两端开口390 mm×190 mm×90 mm

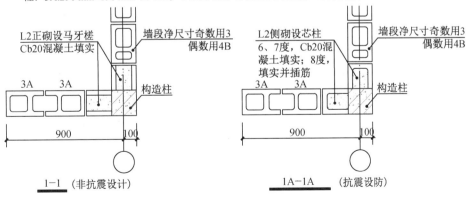

图 2-3-8　转角墙设构造柱平面布置图

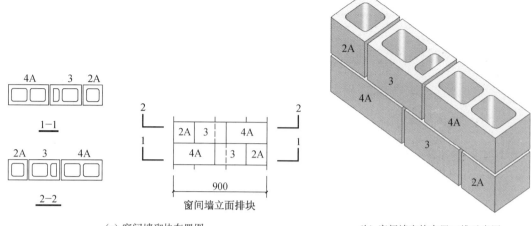

（a）窗间墙砌块布置图　　　　　　　　　　　　（b）窗间墙砌块布置三维示意图

图 2-3-9　窗间墙砌块

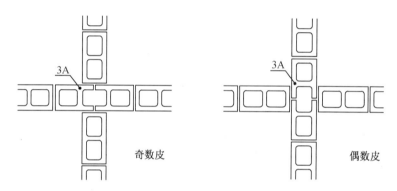

（a）十字墙砌块布置图

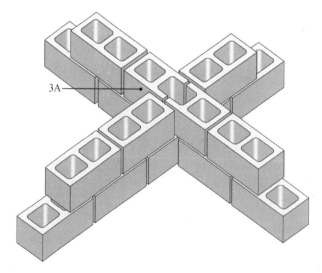

（b）十字墙砌块布置三维示意图

图 2-3-10　十字墙砌块

（2）砌块的缝型和通缝处理

在砌筑中，由于砌块的体积大、规格多，因此砌块组砌时，缝型比较多，有平缝、凹槽缝和高低缝。平缝制作简单，多用于水平缝。凹槽缝灌浆方便，多用于垂直缝。缝宽视砌块尺寸而定，小型砌块为 10～15 mm，中型砌块为 15～20 mm，配筋或柔性拉结条的平缝为 20～25 mm，个别竖缝超过 30 mm 时，应采用细石混凝土填实。砂浆强度等级不低于 M5。

2.3.3　砌体墙的细部构造

1. 墙脚构造

墙脚是指室内地面以下、基础以上的这段墙体。内外墙都有墙脚，外墙的墙脚又称勒脚。墙脚的位置，见图 2-3-11。由于砌体本身存在很多微孔以及墙脚所处的位置常有地表水和土壤中的水渗入，致使墙身受潮，饰面层脱落，影响室内卫生环境。因此，必须做好墙脚防潮，增强勒脚的坚固及耐久性。吸水率较大、干湿交替作用敏感的砖和砌块不能用于墙脚部位，如加气混凝土砌块等。

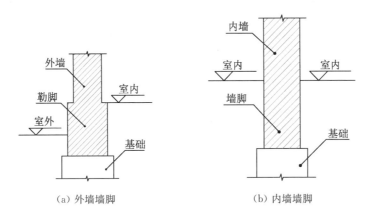

（a）外墙墙脚　　　　　　　　　（b）内墙墙脚

图 2-3-11　墙脚构造

2. 勒脚构造

勒脚是外墙的墙脚，是外墙接近室外地面部分，高度为一层室内地坪至室外地面的高差部位。勒脚的作用是保护墙面，防止地面水、屋檐滴下的雨水反溅到墙身以及地下土壤中水分对墙体的侵蚀，勒脚应做防潮层。勒脚的做法、高低、色彩等应结合建筑造型，选用耐久性和防水性能好的材料。一般采用以下几种常用构造做法。

（1）抹灰勒脚。可采用 8～15 mm 厚 1∶3 水泥砂浆打底，12 mm 厚 1∶2 水泥白石子浆水刷石或水刷石抹面。多用于一般建筑，简单经济，见图 2-3-12。

（2）贴面勒脚。可采用天然石材或人工石材贴面，如花岗石、水磨石板等。贴面勒脚耐久性强、装饰效果好，多用于标准较高的建筑，见图 2-3-13。

（3）石砌勒脚。采用条石、混凝土等坚固耐久的材料做勒脚，多用于木构建筑、砖砌体建筑中，见图 2-3-14。

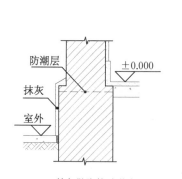

（a）抹灰勒脚构造节点

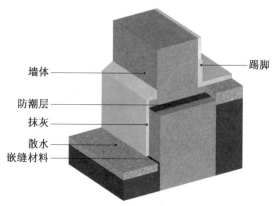

（b）抹灰勒脚构造三维示意图

图 2-3-12　抹灰勒脚构造

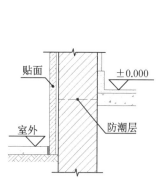

（a）贴面勒脚构造节点

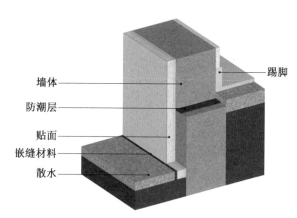

（b）贴面勒脚构造三维示意图

图 2-3-13　贴面勒脚构造

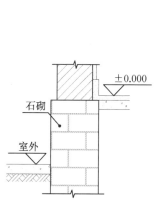

（a）石砌勒脚构造节点

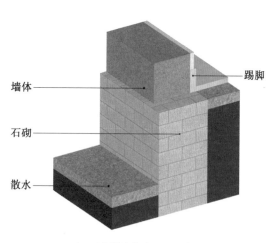

（b）石砌勒脚构造三维示意图

图 2-3-14　石砌勒脚构造

3. 门窗洞口构造

（1）门窗过梁构造

过梁是承重构件，用来承受门窗洞口上部的荷载，并把它传到门窗两侧的墙上，以免压坏门窗框。承重墙上的过梁还要支承楼板荷载。根据材料和构造方式的不同，常用的过梁有预制钢筋混凝土过梁、钢筋砖过梁和砖砌弧拱过梁。

① 钢筋混凝土过梁。钢筋混凝土过梁承载能力强，适用于较宽的门窗洞口或有不均匀沉降或有较大振动荷载的房屋。钢筋混凝土过梁有现浇和预制两种，预制装配式过梁施工速度快，是最常用的一种，见图 2-3-15。

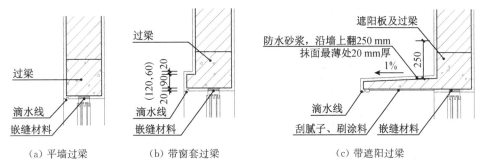

（a）平墙过梁　　　　　（b）带窗套过梁　　　　　（c）带遮阳过梁

图 2-3-15　三种钢筋混凝土过梁构造

过梁宽度一般同墙厚，高度按结构计算确定，但应配合块材的规格，应与砖的皮数相配合。有抗震设防要求时，当抗震设防烈度为 6～8 度时，过梁两端伸进墙内的支承长度不小于 240 mm；当抗震设防烈度为 9 度时，支承长度不小于 360 mm，以保证过梁在墙上有足够的承载面积。矩形截面过梁施工制作方便，是常用的形式。在立面中往往有不同形式的窗，过梁的形式应配合窗形式处理。如有窗套的窗，过梁截面则为"L"形，挑出 60 mm；又如带窗楣的窗，可按设计要求出挑，一般可挑 300～500 mm。

② 钢筋砖过梁。又称苏式过梁，见图 2-3-16。钢筋砖过梁适用于跨度 1.5～2.0 m 之间的门窗洞口。过梁用砖的强度等级应不低于 MU10，砂浆强度等级应不低于 M5。洞口上部应先支木模，上放直径不小于 5 mm 的钢筋，间距不大于 120 mm，伸入两边墙内应不小于 240 mm。钢筋上下应抹不小于 30 mm 厚的砂浆层。

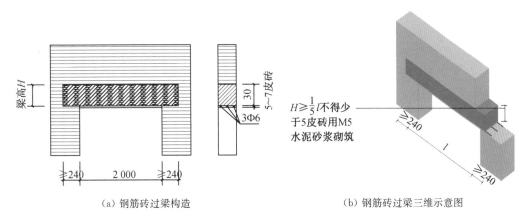

（a）钢筋砖过梁构造　　　　　　　　（b）钢筋砖过梁三维示意图

图 2-3-16　钢筋砖过梁构造

③ 砖砌或石砌弧拱过梁(图 2-3-17)。砖石拱过梁是将砖或石块侧砌而成，灰缝上宽下窄使侧砖向两边倾斜，相互挤压形成拱的作用，两端下部伸入墙内 20～30 mm，中部的起拱高度约为跨度的 1/50。砖石拱过梁的优点是节约钢筋、水泥，缺点是墙体整体性差，施工速度慢，仅能用于非承重墙上的门窗，洞口宽度应小于 1.2 m。现已很少使用。

(a) 弧形拱　　　　　　　　　　　　　　　(b) 平拱

图 2-3-17　砖石拱过梁

(2) 窗台

窗洞口的下部应设置窗台，窗台分外窗台和内窗台。外窗台的作用是排出沿窗面流下的雨水，防止其渗入墙身且沿窗缝渗入室内，同时避免雨水污染外墙面。为便于排水，一般设置为挑窗台。处于内墙或阳台等处的窗，不受雨水冲刷，可不设挑窗台。当外墙面材料为贴面砖时，墙面易被雨水冲洗干净，也可不设挑窗台。内窗台的作用是防止窗玻璃上的凝结水流到内墙面而破坏墙体。

挑窗台的做法：

① 砖窗台(图 2-3-18)。砖砌挑窗台根据设计要求可分为 60 mm 厚平砌挑砖窗台及 120 mm 厚侧砌挑砖窗台。窗台向外出挑 60 mm，窗台长度最少每边应超过窗宽 120 mm。窗台应有 5% 左右的排水坡度。窗台表面可抹 1∶3 水泥砂浆或贴面处理，并应注意抹灰与窗下槛的交接处理，防止雨水向室内渗入。窗台下做滴水槽或斜抹水泥砂浆，引导雨水垂直下落不致影响窗下墙面。侧砌窗台可做水泥砂浆勾缝的清水窗台。窗台表面应设一定排水坡度。

② 混凝土窗台。一般是现场浇筑而成。

内窗台的做法：

① 砖墙水泥砂浆抹窗台。在窗台表面上抹 20 mm 厚的水泥砂浆，并突出内墙面 5 mm 左右。

② 安装窗台板。可在窗台上面铺设预制水泥板或水磨石板，也可采用大理石、人造石板。板与墙体直接用专用胶黏合于窗台上。

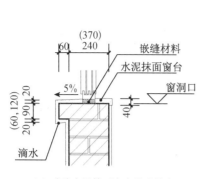

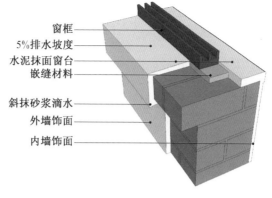

(a) 砖墙水泥抹面窗台构造节点   (b) 砖墙水泥抹面窗台构造三维示意图

图 2-3-18 砖墙水泥抹面窗台构造

4. 散水和明沟

房屋四周可采用散水和明沟排出雨水。散水是指靠近勒脚下部的水平排水坡，明沟是靠近勒脚下部的水平排水沟，将积水引向下水道。它们的作用是为了迅速排出从屋檐滴下的雨水，防止因积水渗入地基而造成建筑物的下沉。当屋面为有组织排水时，一般设散水和暗沟。当屋面为无组织排水时，一般设散水和明沟。

（1）散水的做法。通常是在夯实素土上铺三合土、卵石或粗砂等垫层材料，面层为混凝土、水泥砂浆、卵石、块石、花岗石等。散水厚度为 60～70 mm。散水应设不小于 3‰的排水坡。散水宽度不应小于 600 mm，一般为 0.6～1.0 m。当采用挑檐无组织排水时，散水的宽度可按檐口线放出 200～300 mm。散水采用混凝土时，在与外墙交接处应设 20～30 mm 宽的变形缝，变形缝用弹性材料嵌缝，以防止外墙下沉时将散水拉裂。细石混凝土散水构造和水泥砂浆面层散水构造分别见图 2-3-19 和图 2-3-20。

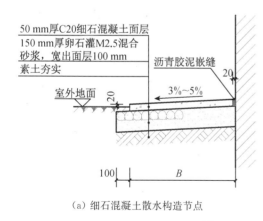

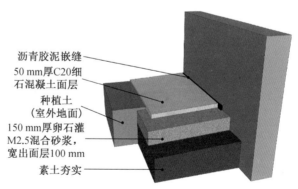

(a) 细石混凝土散水构造节点   (b) 细石混凝土散水构造三维示意图

图 2-3-19 细石混凝土散水构造

① 种植散水构造。当建筑物外墙周围有绿化要求时，散水不外露，需采用隐式散水，也称为暗散水或种植散水。其做法是散水在草皮及种植土的底部，上面覆土厚度不应大于 300 mm。散水可采用 80 mm 厚 C15 混凝土或 60 mm 厚 C20 混凝土做面层，沿墙上翻高出种植土面 100 mm 撒 1∶1 水泥砂子压实赶光。外墙饰面应做至混凝土的

下部，且应对墙身下部做防水处理，其高度不宜小于覆土层以上300 mm，并应防止草根对墙体造成伤害。种植散水构造见图2-3-21。

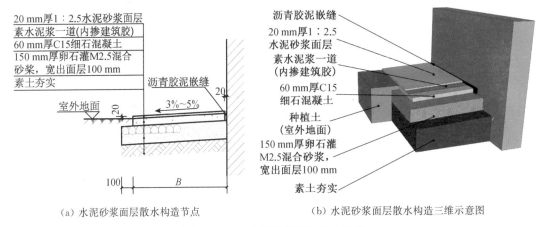

（a）水泥砂浆面层散水构造节点　　　（b）水泥砂浆面层散水构造三维示意图

图2-3-20　水泥砂浆面层散水构造

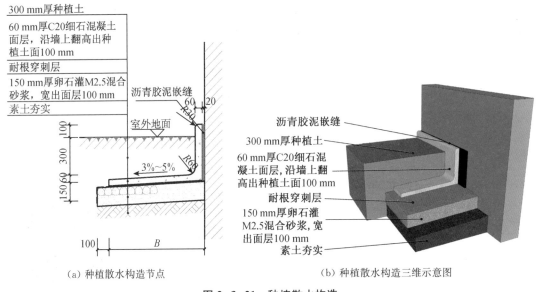

（a）种植散水构造节点　　　　　（b）种植散水构造三维示意图

图2-3-21　种植散水构造

② 湿陷性黄土地区建筑物散水构造。湿陷性黄土地区散水应采用现浇混凝土，并应设置150 mm厚的3：7灰土或300 mm厚的夯实素土垫层。垫层的外缘应超出散水和建筑外墙基底外缘500 mm。散水坡度不应小于5%，宜每隔6～10 m设置伸缩缝。散水与外墙交接处应设缝，其缝宽和散水的伸缩缝缝宽均宜为20 mm，缝内应填充柔性密封材料。散水的宽度应符合现行国家标准《湿陷性黄土地区建筑标准》(GB 50025)的有关规定：当屋面为无组织排水时，檐口高度在8 m以内散水宽度宜为1.50 m；檐口高度超过8 m，每增高4 m宜增宽0.25 m，但最宽不宜大于2.50 m。

③ 有地下室的建筑物外墙四周散水构造。地下工程上的地面建筑物周围散水宽度不宜小于800 mm，散水坡度宜为5%。

（2）明沟的做法。明沟可用砖砌、石砌、混凝土现浇，沟底应做纵坡，坡度为 0.5%～1%，坡向窨井。当屋顶为挑檐无组织排水时，明沟中心应正对屋檐滴水位置。当屋顶为女儿墙无挑檐时，明沟应尽量贴近外墙面，形成建筑物垂直接地的连接部，方便屋顶的水落管排水和垂直墙面的汇水。明沟式散水构造见图 2-3-22。

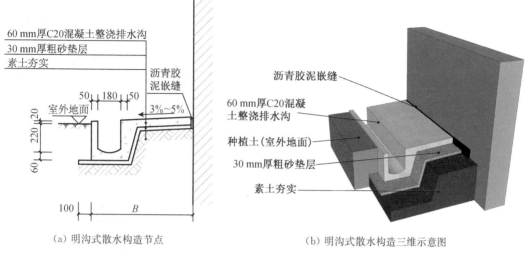

（a）明沟式散水构造节点 　　　　　（b）明沟式散水构造三维示意图

图 2-3-22　明沟式散水构造

5. 踢脚和墙裙

（1）踢脚。踢脚是外墙内侧和内墙两侧的下部和室内地坪交接处的部分，目的是保护墙身和防止扫地时污染墙面。其常用的材料有水泥砂浆、水磨石、木材、墙砖、PVC 塑料、油漆等，高度一般在 80～150 mm。墙裙或墙身饰面可以代替踢脚，无须另做踢脚。

（2）墙裙。室内墙面有防水、防潮湿、防污染、防碰撞等要求时，应设置墙裙，其高度为 1 200～1 800 mm。在内墙阳角、门洞转角等处需做护角。在医院、车站、机场等经常使用推车的走廊、大厅部分，应在墙裙高度部位设置防撞杆。防撞杆也可兼作扶手用。

6. 墙体的防潮

在墙身中设置防潮层的目的是防止土壤中的水分沿基础和墙基上升以及勒脚部位的地面水渗入墙身。它的作用是提高建筑物的耐久性，保持室内干燥卫生。砌筑墙体应在室外地面以上、室内地坪标高以下 60 mm 处设置连续的水平防潮层；当墙基为混凝土、钢筋混凝土或石材时，可不设置水平防潮层。室内相邻地面有高差或室内地坪低于室外地面时，为避免室内地坪较高一侧土壤或室外地面回填土中的水分侵入墙身，对有高差部分的垂直墙面贴邻土壤一侧加设垂直防潮层和两道水平防潮层。高低差墙脚防水砂浆防潮层构造见图 2-3-23。

室内墙面有防潮要求时，其迎水面一侧应设防潮层；室内墙面有防水要求时，其迎水面一侧应设防水层。防潮层采用的材料不应影响墙体的整体抗震性能，常用的墙体防潮层做法有以下三种。

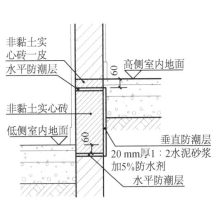

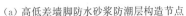

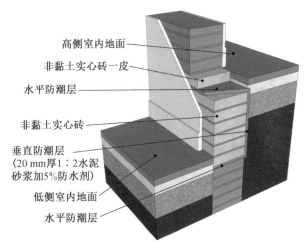

（a）高低差墙脚防水砂浆防潮层构造节点　　　（b）高低差墙脚防水砂浆防潮层构造三维示意图

图 2-3-23　高低差墙脚防水砂浆防潮层构造

（1）防水砂浆防潮层。具体做法：一种是抹一层 20 mm 厚的 1∶2 水泥砂浆加水泥质量的 3‰～5‰防水粉拌合而成的防水砂浆；另一种是用防水砂浆砌筑 4～6 皮砖，位置在室内地坪上下，该做法对抗震有利，但在建筑物本身有振动的情况下不适合采用。防水砂浆防潮层构造见图 2-3-24。

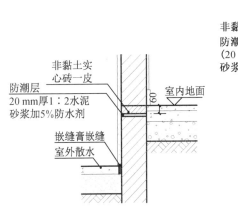

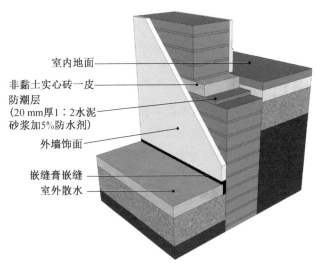

（a）防水砂浆防潮层构造节点　　　　（b）防水砂浆防潮层构造三维示意图

图 2-3-24　防水砂浆防潮层构造

（2）防水卷材防潮层。在防潮层部位先抹 20 mm 厚的砂浆找平层，然后干铺防水卷材一层或用热沥青粘贴进行一毡二油处理。防水卷材的宽度应与墙厚一致，或稍大一些。防水卷材沿长度铺设，搭接长度为 100 mm。防水卷材防潮效果较好，但会使基础和上部墙身断开，从而减弱砖墙的抗震能力，因此不适用于有抗震设防要求或刚度要求较高的建筑物墙体。

（3）混凝土防潮层。由于混凝土本身具有一定的防水性能，常把防水要求和结构做法合并考虑。即在室内外地坪之间浇筑 60 mm 厚的 C20 混凝土防潮层，内配 3Φ6 或 3Φ8 钢筋或 Φ4@250 的钢筋网片。混凝土防潮层抗裂性能好，且能与砌体结合为一体，故适用于整体刚度较高的建筑中。

如果墙角采用不透水的条石或混凝土等材料，或设有钢筋混凝土圈梁时，可以不设防潮层。见图 2-3-25。

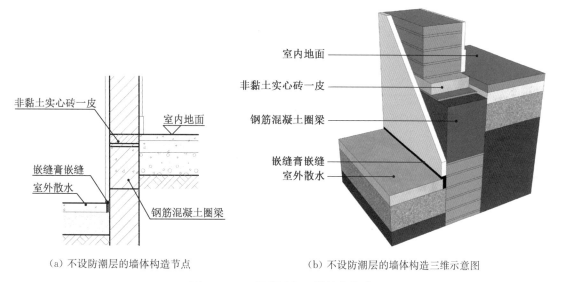

（a）不设防潮层的墙体构造节点　　　　　　　（b）不设防潮层的墙体构造三维示意图

图 2-3-25　不设防潮层的墙体构造

2.3.4　墙身加固构造

1. 圈梁

圈梁的作用是增加房屋的整体刚度和稳定性，减轻由地基不均匀沉降对房屋造成的破坏，抵抗地震力的影响。圈梁设在房屋四周外墙及部分内墙中，处于同一水平高度，其上表面与楼板底面平，像箍一样把墙箍住。圈梁有钢筋混凝土圈梁和钢筋砖圈梁两种。钢筋混凝土圈梁整体刚度好，应用广泛，分整体式和装配整体式两种施工方法。圈梁宽度同墙厚，不应小于 240 mm；高度与块材尺寸相对应，不应小于 120 mm，基础圈梁的截面高度不应小于 180 mm，配筋不应小于 4Φ12，混凝土强度等级不应低于 C20。钢筋砖圈梁用 M5 砂浆砌筑，高度不小于五皮砖，在圈梁中设置 4Φ6 的通长钢筋，分上、下两层布置，此种圈梁现已少用，故不做详细介绍。多层砖砌体房屋现浇钢筋混凝土圈梁的位置和数量可依据结构设置，具体见表 2-3-1。

圈梁与门窗过梁宜尽量统一考虑，可用圈梁代替门窗过梁。砌块墙中圈梁通常与窗过梁合并，可现浇，也可预制成圈梁砌块。圈梁应闭合，若遇标高不同的洞口，则应在洞口上部设置附加圈梁，与整体圈梁上下搭接 1 m 以上距离，见图 2-3-26。

现浇或装配式整体式钢筋混凝土楼、屋盖与墙体有可靠连接的房屋，可允许不设圈梁，但楼板沿抗震墙体周边应加设配筋并应与相应的构造柱钢筋可靠连接。

表 2-3-1　多层砖砌体房屋现浇钢筋混凝土圈梁的设置要求

墙体类别		烈度		
		6、7	8	9
圈梁设置	外墙和内纵墙	屋盖及每层楼盖处	屋盖及每层楼盖处	屋盖及每层楼盖处
	内横墙	同上；屋盖处间距不应大于 4.5 m；楼盖处间距不应大于 7.2 m；构造柱对应部位	同上；各层所有横墙，且间距不应大于 4.5 m；构造柱对应部位	同上；各层所有横墙
配筋	最下纵筋	4Φ10	4Φ12	4Φ14
	Φ6 箍筋最大间距/mm	250	200	150

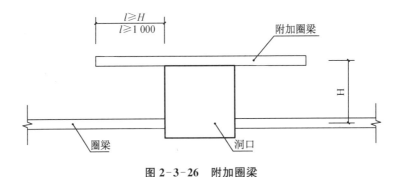

图 2-3-26　附加圈梁

2. 构造柱

抗震设防地区，为了增加建筑物的整体刚度和稳定性，在使用砌体墙承重的墙体中，还需设置钢筋混凝土构造柱，使之与各层圈梁连接，形成封闭骨架，加强墙体抗弯、抗剪能力，使墙体在破坏过程中具有一定的延伸性，减缓墙体的酥碎现象产生。构造柱是防止房屋倒塌的一种有效措施。构造柱的设置部位是外墙四角、错层部位横墙与外纵墙交接处、较大洞口两侧、大房间内外墙交接处、楼梯间。除此之外，根据房屋的层数和抗震设防烈度不同，构造柱的设置要求见表 2-3-2。

表 2-3-2　砖墙构造柱设置要求

房屋层数/抗震设防烈度				设置部位	
6 度	7 度	8 度	9 度		
四、五	三、四	二、三		楼梯间、电梯间四角，楼梯斜梯段上下端对应的墙体处；外墙四角和对应转角；错层部位横墙与外纵墙交接处；大房间内外墙交接处；较大洞口两侧	隔 12 m 或单元横墙与外纵墙交接处；楼梯间对应的另一侧内横墙与外纵墙交接处
六	五	四	二		隔开间横墙（轴线）与外墙交接处；山墙与内纵墙交接处
七	≥六	≥五	≥三		内墙（轴线）与外墙交接处；内墙的局部较小墙垛处；内纵墙与横墙（轴线）交接处

构造柱的构造要求：

（1）构造柱的截面尺寸应与墙体厚度一致。砖墙构造柱的最小截面尺寸为240 mm×180 mm（墙厚190 mm时为180 mm×190 mm），竖向钢筋宜采用4Φ12，箍筋间距不宜大于250 mm，且在上下端应适当加密。混凝土强度等级不应低于C20。随抗震设防烈度的加大和层数的增加，房屋四角的构造柱可适当加大截面及配筋。

（2）施工时必须先放构造柱的钢筋骨架，再砌墙，后浇筑钢筋混凝土，并应沿墙高每隔500 mm设2Φ6水平钢筋和Φ4分布短筋平面内点焊组成的拉结网片或Φ4点焊钢筋网片，每边伸入墙内不宜小于1 m，能保证墙体与构造柱结合牢固，同时节省模板。抗震设防烈度为6、7度时，底部1/3楼层，8度时底部1/2楼层，9度时全部楼层，相邻构造柱的墙体应沿墙高每隔500 mm设置2Φ6通长水平钢筋和Φ4分布短筋组成的拉结网片，并锚入构造柱内。

（3）墙体与构造柱连接处应砌成马牙槎，构造柱两侧的墙体应做到"五进五出"，即每300 mm高伸出60 mm，每300 mm高再收回60 mm。墙厚为360 mm时，外侧形成120 mm厚的保护墙。

（4）构造柱可不单独设置基础，但应伸入室外地面下500 mm，或与埋深小于500 mm的基础圈梁相连接。

（5）构造柱必须每层与圈梁拉通，在构造柱与圈梁连接处，构造柱的纵筋应在圈梁纵筋内侧穿过，保证构造柱纵筋上下贯通（图2-3-27）。

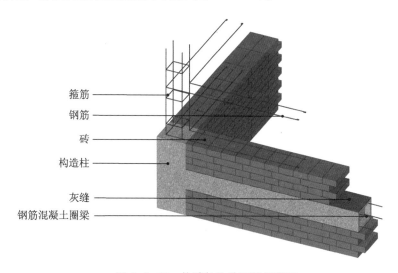

箍筋
钢筋
砖
构造柱
灰缝
钢筋混凝土圈梁

图2-3-27　构造柱构造三维示意图

3. 空心砌块墙芯柱

当采用混凝土空心砌块时，应在房屋外墙转角、楼梯间四角、丁字接头、十字接头的墙段中设芯柱（图2-3-28）。芯柱用不低于C20细石混凝土填入砌块孔中，并在孔中插入2Φ12通长钢筋，在水平灰缝中埋设拉结筋。

4. 壁柱和门垛

当墙体的窗间墙上出现集中荷载而墙厚又不足以承受其荷载，或墙体的长度和高

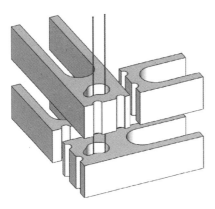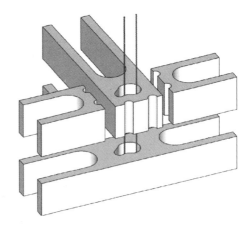

图 2-3-28 砌块墙芯柱构造三维示意图

度超过一定限度并影响墙体的稳定性时，常在墙身局部适当位置增设凸出墙面的壁柱并一直到顶，用以提高墙体刚度。壁柱凸出墙面的尺寸一般为 120 mm×370 mm、240 mm×370 mm、240 mm×490 mm 等。

为了便于门框安装和保证墙体的稳定性，在墙上开设门洞且门洞开在两墙转角处或丁字墙交接处时，需在门靠墙的转角部位或丁字交接的一边设置门垛，门垛凸出墙面 60～240 mm。

第三章

隔墙

在建筑中，不承重只起分隔室内空间作用的墙体称为隔墙，它可以直接搁置在楼板或者梁上。在现代建筑中，为了提高平面布局的灵活性，大量采用隔墙以适应建筑功能空间的变化。在设计时需要注意以下要求：

（1）自重尽量轻，有利于减轻楼板的荷载。

（2）厚度适当薄，有利于增加建筑的有效空间。

（3）稳定性要好，特别要注意隔墙与墙柱及楼板的拉结。

（4）便于拆卸且不损坏房屋主体结构，能随房间分隔、布局的改变而变化。

（5）隔声性能好，使相邻房间互不干扰。

（6）根据房间不同使用功能达到防水和防火要求，满足不同使用部位的要求，如卫生间的隔墙要求防水、防潮，厨房的隔墙要求防潮、防火等。

3.1　隔墙的分类

隔墙的类型有很多，按其材料和构造方式可分为砌筑类隔墙、骨架类隔墙和轻质条板类隔墙三大类。其中，砌筑类隔墙又分为砖隔墙、多孔砖隔墙、水泥炉渣空心砖隔墙、砌块隔墙等。骨架类隔墙又分为板条抹灰隔墙、钢丝板网抹灰隔墙、木龙骨纸面石膏板隔墙、木龙骨装饰夹板隔墙、轻钢龙骨石膏板隔墙等。

3.2　砌筑类隔墙

砌筑类隔墙不仅可以采用与承重墙同样的砌块和做法，还可以选择具有一定透光性能的玻璃砖。但为了减少自重，砌筑类隔墙应尽量采用轻质砌块砌筑。构造要点是保证其自身的稳定性、与周边构件间有良好的连接。

（1）墙体的稳定性

砌筑类隔墙应注意墙的高厚比。半砖墙用 M2.5 级砂浆砌筑时，限高 3.6 m，限长

图 3-2-1 填充墙中设置压砖槛
和构造柱

6 m；用 M5 级砂浆砌筑时，限高 4 m，限长 6 m。此外，当砌体填充墙的高度超过 4 m 时，应该在墙的半高处浇筑约 60 mm 厚的配筋细石混凝土水平系梁，内置 2Φ6 通长钢筋。水平系梁又称为压砖槛，见图 3-2-1。水平系梁钢筋应尽量与从填充墙两端柱子中伸出的拉结筋绑扎连通。设置水平系梁相当于分段降低了填充墙的高度，既不必因墙较高而增加其厚度，又保证了其稳定性。

（2）与周边构件的连接

在混合结构建筑中，砌筑类隔墙如与承重墙同时砌筑，应遵从墙体的砌筑原则；如为后加隔墙，宜将两侧墙体凿去部分砌块后嵌入隔墙块材搭接。在框架结构中或在钢筋混凝土墙体承重的建筑中，填充墙两边构件上每 500 mm 高应留出 2Φ4 拉结筋砌入填充墙内。

3.2.1 砖隔墙

用普通砖或多孔砖砌筑。隔墙的厚度为 120 mm，普通砖顺砌，砖砌隔墙不能顺多孔板铺设，应与多孔板方向垂直。隔墙应满足隔声、防水、防火的要求且具有一定的稳定性，在构造上应注意以下几点：

（1）120 mm 厚隔墙砌筑的砂浆强度等级不低于 M2.5，砖的强度等级不低于 MU10。

（2）为了使隔墙与墙柱能很好连接，在隔墙两端的墙柱中须沿高度每隔 500 mm 预埋 2Φ6 拉结筋，伸入墙体长度为 1 m，见图 3-2-2。

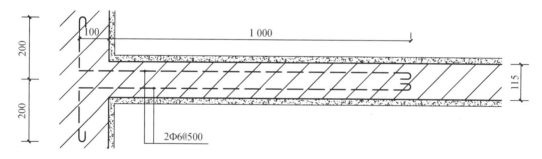

图 3-2-2 墙柱中拉结筋布置构造

（3）隔墙砌到梁或板底时，应采用立砖斜砌，或留出 30 mm 空隙，每 1 000 mm 用木楔塞牢，使墙和楼板挤紧，见图 3-2-3。

（4）当隔墙净高大于 3 m，或墙长大于 5 m 时，需沿高度方向每隔 12～16 皮砖加设 1～2 根 Φ6 的钢筋，并与墙柱拉结。

（5）长度过长（高度超过 5 m）时则应加扶墙壁柱。

图 3-2-3　砖隔墙与梁板的连接处理

（6）隔墙上如果有门窗洞口时，应在隔墙中预埋铁件或用带有木楔的混凝土预制块，以方便装门窗框时打孔旋入固定用的螺栓，将砖墙与门窗框拉结牢固，见图 3-2-4。

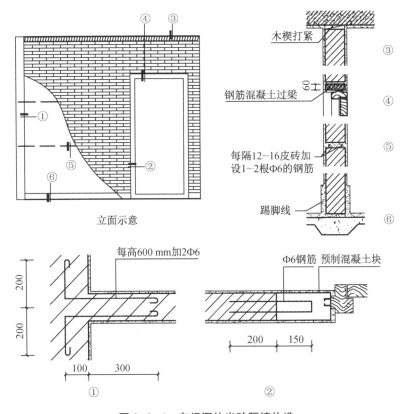

图 3-2-4　有门洞的半砖隔墙构造

3.2.2 砌块隔墙

为了减少隔墙的质量，常采用质轻块大的各种砌块，目前常用的是用加气混凝土砌块、粉煤灰硅酸盐砌块、水泥焦渣空心砌块、陶粒混凝土等砌筑的隔墙。隔墙厚度由砌块尺寸而定，一般为 150～200 mm。砌块大多具有质轻、孔隙率大、隔热性能好等优点，但吸水性强，因此，有防水、防潮要求时应在墙下先砌 3～5 皮吸水率小的砖。

1. 加气混凝土砌块隔墙

加气混凝土砌块具有密度小、保温隔热性能好、吸声好、便于切割、操作简单的特性，目前在隔墙工程中应用很广。加气混凝土砌块的厚度为 75 mm、100 mm、125 mm、150 mm、200 mm，长度多为 500 mm。砌筑加气混凝土砌块时应采用 1∶3 水泥砂浆，并考虑错缝搭接。为保证加气混凝土砌块隔墙的稳定性，应预先在其连接的墙上每 900～1 000 mm 留出拉结筋 2Φ6，并与墙体或柱内预留的拉筋连接。砌块端部与墙体的连接也要加 2Φ6 拉结筋，并用胶黏剂填充，见图 3-2-5。门窗洞口上方也要加设 2Φ6 钢筋。

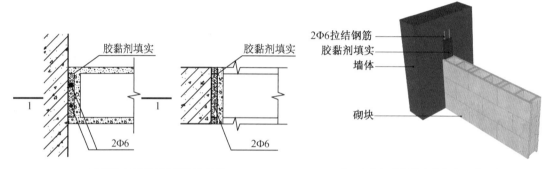

（a）砌块与墙柱的连接构造节点　　　（b）砌块与墙柱的连接构造三维示意图

图 3-2-5　砌块与墙体的连接构造

加气混凝土砌块隔墙上部必须与楼板或梁的底部有良好的连接，可采用加木楔的办法，如果条件允许，可以加在楼板的缝内以保证其稳定。砌块隔墙与混凝土柱的连接构造见图 3-2-6。有防水要求砌块隔墙与地面、梁底的连接构造见图 3-2-7。无防水要求砌块隔墙与地面、梁底的连接构造见图 3-2-8。

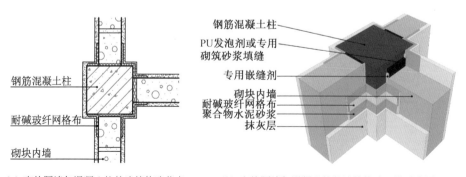

（a）砌块隔墙与混凝土柱的连接构造节点　　（b）砌块隔墙与混凝土柱的连接构造三维示意图

图 3-2-6　砌块隔墙与混凝土柱的连接构造

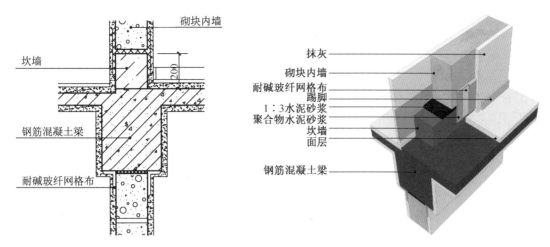

（a）有防水要求砌块隔墙与地面、梁底的连接构造节点　　（b）有防水要求砌块隔墙与地面、梁底的连接构造三维示意图

图 3-2-7　有防水要求砌块隔墙与地面、梁底的连接构造

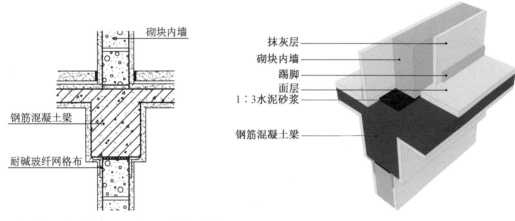

（a）无防水要求砌块隔墙与地面、梁底的连接构造节点　　　　（b）无防水要求砌块隔墙与地面的连接构造三维示意图

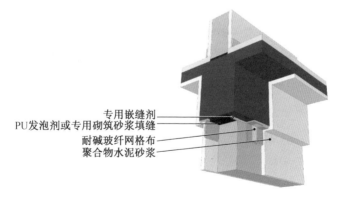

（c）无防水要求砌块隔墙与梁底的连接构造三维示意图

图 3-2-8　无防水要求砌块隔墙与地面、梁底的连接构造

2. 大孔轻集料空心砌块隔墙

大孔轻集料空心砌块是一种新型材料，以水泥为胶凝材料，加粉煤灰、浮石、炉渣、破碎陶粒等粗骨料制作的混凝土小型空心砌块，施工时采用砌块胶黏剂进行砌筑，其与地面的连接只需采用胶黏剂即可，见图 3-2-9。其具有施工工艺简单、墙体抗裂性能好、成本低等优点，故在当今隔墙中的应用越来越广泛。大孔轻集料空心砌块外观平整，尺度准确，强度高，分为标准和异形两种规格。标准规格的尺寸为 395 mm×90 mm×200 mm、395 mm×190 mm×200 mm、395 mm×240 mm×200 mm；异形砌块主要用于过梁及模数调节，尺寸为 195 mm×90 mm×200 mm、195 mm×190 mm×200 mm、195 mm×240 mm×200 mm。

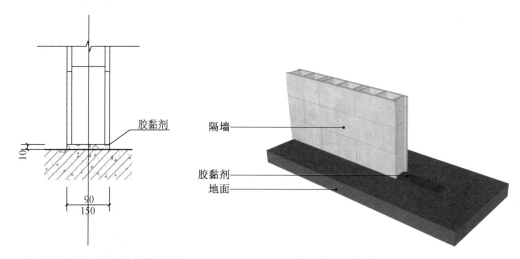

（a）空心砌块隔墙与地面的连接构造节点　　　（b）空心砌块隔墙与地面的连接构造三维示意图

图 3-2-9　空心砌块隔墙与地面的连接构造

3. 水泥焦渣空心砌块隔墙

水泥焦渣空心砌块采用水泥、炉渣经过成型、蒸养而成。砖的密度小，保温隔热性能好。其规格有：390 mm×115 mm×190 mm、390 mm×90 mm×190 mm 等。砌筑水泥焦渣空心砌块隔墙时，应加强墙体的稳定性，在靠近外墙的地方和窗洞口两侧，采用普通砖镶砌。为了达到隔墙的防水、防潮要求，在靠近地面和楼板的部位应先砌筑 3～5 皮砖。

3.2.3　框架填充墙

框架体系的围护和分隔墙体均为非承重墙，填充墙是用砖或轻质混凝土块材砌筑在结构框架梁柱之间的墙体，既可用于外墙，也可用于内墙，施工顺序为框架完工后砌填充墙体。

填充墙的自重传递给框架支承。框架承重体系按传力系统的构成，可分为梁、板、柱体系和板、柱体系。梁、板、柱体系中，柱子成序列有规则地排列，由纵横两个方向的梁将它们连接成整体并支承上部板的荷载。板、柱体系又称为无梁楼盖，板的荷载直接传递给柱。框架填充墙是支承在梁上或板、柱体系的楼板上的，为了减轻自重，通常采用空心砖或轻质砌块，墙体的厚度视块材尺寸而定，用于外围护墙等有较高隔声和热工性能要求的墙体时不宜过薄，一般在 200 mm 左右。

填充墙与框架之间应有良好的连接，以便将其自重传递给框架支承，其加固稳定措施与半砖隔墙类似，竖向每隔 500 mm 左右需从两侧框架柱中甩出 1 000 mm 长钢筋伸入砌体锚固，水平方向约 2～3 m 需设置构造立柱，门框的固定方式与半砖隔墙相同，但超过 3.3 m 以上的较大洞口需在洞口两侧加设钢筋混凝土构造立柱。

3.3 骨架类隔墙

骨架类隔墙由龙骨系统和饰面板两部分组成，也称龙骨隔墙或立筋隔墙，龙骨系统主要由木料或钢材构成骨架。骨架分别由上槛、下槛、竖筋、横筋（又称横挡）、斜撑等组成，见图 3-3-1。竖筋的间距取决于所用面层材料的规格，再用同样断面的材料，在竖筋间，沿高度方向，按板材规格而定设撑筋，两端撑紧、钉牢，以增加稳定性。常用的饰面板材料有纸面石膏板、人造木板、钙塑板、塑铝板、纤维水泥板等轻质薄板。面板和骨架的固定，根据材料的不同，可采用钉子、膨胀铆钉、自攻螺栓或金属夹子等，将面板固定在骨架上。

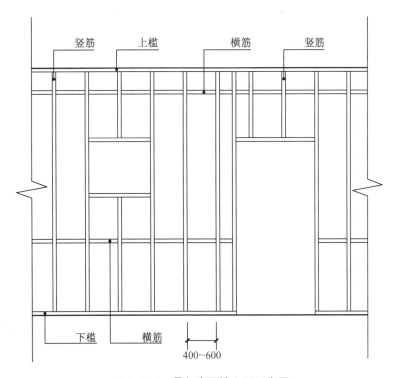

图 3-3-1 骨架类隔墙立面示意图

3.3.1 板条抹灰隔墙

板条抹灰隔墙是一种传统做法，在木骨架两侧横向钉板条，然后抹灰，有单面抹灰和双面抹灰两种。木骨架由上槛、下槛、墙筋、斜撑或横挡等部件组成。其构造做法为先立边框墙筋，撑住上、下槛，在上、下槛中每隔 400～600 mm 立墙筋，横筋间距为 1 000～1 200 mm。若在隔墙上设有门窗时，门窗框两边还应增加立筋，门框上须设置灰口或门头线(贴脸板)，以防止灰皮脱落影响美观。板条的厚×宽×长为 6 mm×30 mm×1 200 mm，板条的长度应根据立筋的间距成整倍数确定，以便板条两端都能准确地钉在立筋上，然后在板条上抹灰。为了便于抹灰，保证拉结，板条之间应留有 7～9 mm 的缝隙，使灰浆挤到板条缝的背面，咬住板条。考虑到板条有湿胀干缩的特点，在接头处要留出 3～5 mm 的伸缩余地。为了便于制作水泥踢脚和达到防潮要求，板条抹灰隔墙的下槛下边可加砌 2～3 皮砖。板条墙与顶头承重墙的抹灰接触处容易产生裂缝，可在交接处加钉钢丝网片，然后抹灰。

板条墙质轻、壁薄、施工方便，可直接安装在钢筋混凝土空心楼板上而不需要采取加强措施，但防火和防潮性能差，且耗用木材量大，建筑工程上这种隔墙目前很少采用。

3.3.2 木龙骨纸面石膏板隔墙

木龙骨的上、下槛及墙筋断面尺寸一般为 50 mm×75 mm 或 50 mm×100 mm，斜撑与横挡断面相同或略小些。墙筋之间沿高度方向每隔 1.2 m 左右设一道横挡。墙筋间距为 450 mm 或 600 mm，用对锲挤牢。安装纸面石膏板前应对木龙骨进行防火处理。纸面石膏板宜竖向铺设，长边接缝应安装在竖龙骨上，曲面墙宜横向铺设。龙骨两侧的石膏板接缝应错开，不得在同一根龙骨上接缝。施工中，在龙骨上钉石膏板或用胶黏剂粘贴石膏板，板缝处用 50 mm 宽的玻璃纤维接缝带封贴，石膏板与周围墙体或者柱应留有 3 mm 的槽口，以便进行防开裂处理。石膏板面层可根据需要再贴壁纸或装饰板等，其构造见图 3-3-2。

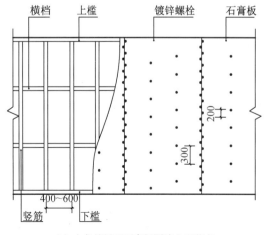

(a) 木龙骨纸面石膏板隔墙立面节点

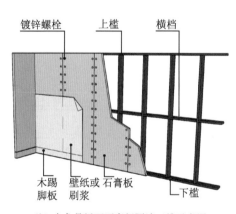

(b) 木龙骨纸面石膏板隔墙三维示意图

图 3-3-2　木龙骨纸面石膏板隔墙

3.3.3 轻钢龙骨石膏板隔墙

轻钢龙骨石膏板隔墙，是用镀锌钢通过冷弯工艺制作的薄壁型钢为龙骨，有 C 型和 U 型龙骨，C 型龙骨常做竖龙骨，U 型龙骨为上槛、下槛，沿顶、沿地龙骨。龙骨有无通贯龙骨体系和有通贯龙骨体系之分，见图 3-3-3 和图 3-3-4。地震多发区宜选用有通贯龙骨体系。面层石膏板也分单层和双层。轻钢龙骨与面板的布置方式主要有两种，见图 3-3-5 和图 3-3-6。轻钢龙骨石膏板隔墙具有刚度好、耐火、防水、质轻、灵活、施工方便、速度快等特点，应用较广泛。立筋时，为了防潮，往往在地面上先砌 2~3 皮砖(视踢脚线高低)，或在楼板垫层上浇筑混凝土墙垫，然后用射钉将轻钢材料的上槛、下槛和边龙骨分别固定在梁板底墙垫上及两端墙柱上，再安装中间龙骨及横撑，用自攻螺栓安装面板，板缝处粘贴 50 mm 宽的玻璃纤维带，上面再覆以涂料、墙纸及板材等其他装饰材料。

为了提高隔墙的隔声性能，可采用双层板错缝拼装或在龙骨间填以玻璃棉、岩棉、泡沫塑料等弹性材料的措施。

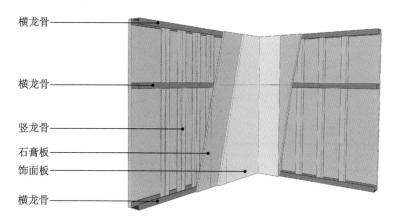

横龙骨
横龙骨
竖龙骨
石膏板
饰面板
横龙骨

图 3-3-3 无通贯龙骨体系

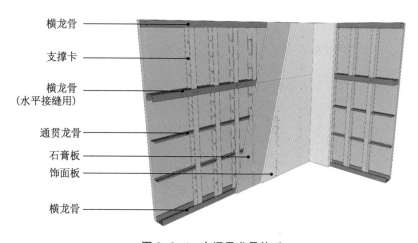

横龙骨
支撑卡
横龙骨
(水平接缝用)
通贯龙骨
石膏板
饰面板
横龙骨

图 3-3-4 有通贯龙骨体系

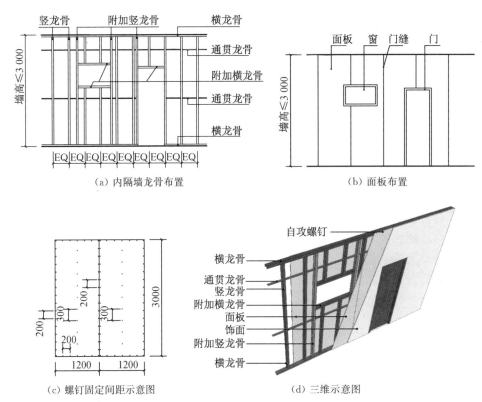

（a）内隔墙龙骨布置 　　　　（b）面板布置

（c）螺钉固定间距示意图 　　　（d）三维示意图

图 3-3-5　内隔墙龙骨布置（一）

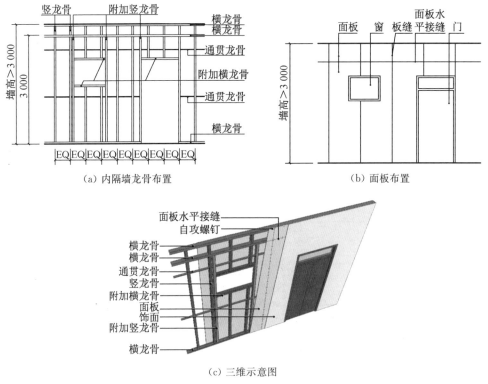

（a）内隔墙龙骨布置 　　　　（b）面板布置

（c）三维示意图

图 3-3-6　内隔墙龙骨布置（二）

　　轻钢龙骨隔墙安装要处理好与地面、墙柱、梁板的连接，具体构造做法见图 3-3-7～图 3-3-9。轻钢龙骨隔墙的转角做法见图 3-3-10～图 3-3-13。

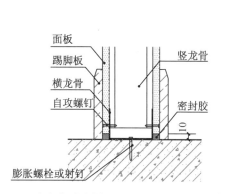

（a）轻钢龙骨隔墙与地面的连接构造节点

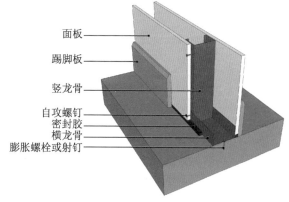

（b）轻钢龙骨隔墙与地面的连接构造三维示意图

图 3-3-7　轻钢龙骨隔墙与地面的连接构造

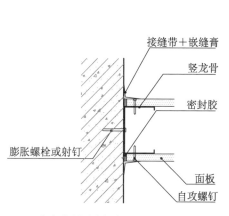

（a）轻钢龙骨隔墙与墙柱的连接构造节点

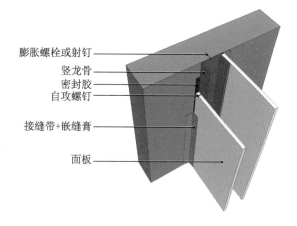

（b）轻钢龙骨隔墙与墙柱的连接构造三维示意图

图 3-3-8　轻钢龙骨隔墙与墙柱的连接构造

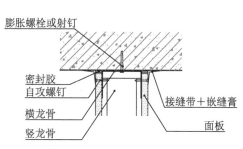

（a）轻钢龙骨隔墙与梁板的连接构造节点

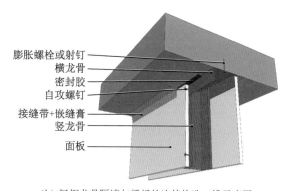

（b）轻钢龙骨隔墙与梁板的连接构造三维示意图

图 3-3-9　轻钢龙骨隔墙与梁板的连接构造

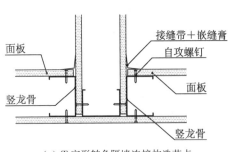

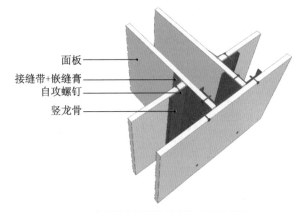

（a）T字形转角隔墙连接构造节点

（b）T字形转角隔墙连接构造三维示意图

图 3-3-10　T字形转角隔墙连接构造

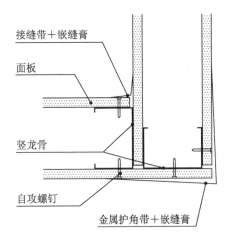

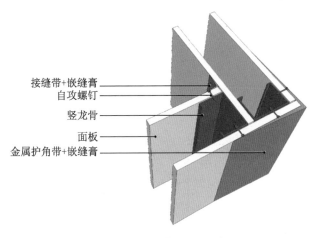

（a）隔墙转角连接构造节点

（b）隔墙转角连接构造三维示意图

图 3-3-11　隔墙转角连接构造

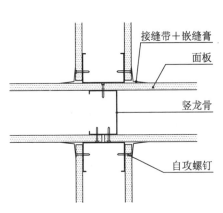

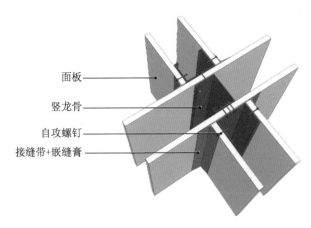

（a）十字形转角隔墙连接构造节点

（b）十字形转角隔墙连接构造三维示意图

图 3-3-12　十字形转角隔墙连接构造

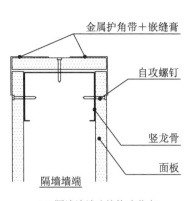

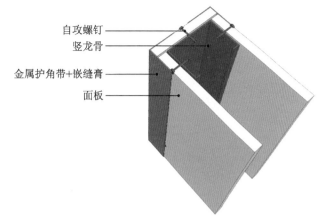

（a）隔墙墙端连接构造节点　　　　　　（b）隔墙墙端连接构造三维示意图

图 3-3-13　隔墙墙端连接构造

3.4　轻质条板类隔墙

轻质条板类隔墙是指采用各种轻质材料或轻型构造制成的预制薄型板拼装而成的隔墙。轻质条板类隔墙用于抗震设防烈度为 8 度和 8 度以下地区及非抗震设防地区。轻质条板类隔墙按照使用部位的不同可分为分户隔墙、分室隔墙、走廊隔墙、楼梯间隔墙等；按照使用功能要求分为普通隔墙、防火隔墙、隔声隔墙等；按照断面形式分为空心条板、实心条板和复合夹芯条板。轻质条板内隔墙有轻骨料混凝土条板、玻纤增强水泥条板、纤维增强石膏条板、硅镁加气水泥条板、粉煤灰泡沫水泥条板、植物纤维复合条板、聚苯颗粒水泥夹芯复合条板、纸蜂窝夹芯复合条板等八种类型。

应根据不同条板隔墙的技术性能及不同建筑使用功能和使用部位的不同，分别设计单层条板隔墙、双层条板隔墙、接板拼装条板隔墙。60 mm 厚条板不得单独做隔墙使用。双层条板隔墙选用条板的厚度不宜小于 60 mm，隔墙的两板间距宜设计为 10～50 mm，两板间空可作为空气层或填入吸声、保温材料等功能材料。安装条板隔墙时，条板应按隔墙长度方向竖向排列，排板应采用标准板。当隔墙端部尺寸不足一块标准板宽时，可按尺寸要求切割补板，补板宽度应不小于 200 mm。接板拼装条板隔墙安装高度应符合以下要求：60 mm 厚条板双层隔墙接板拼装高度不宜大于 3.0 m；90 mm 厚条板隔墙接板安装高度应不大于 3.6 m；120 mm 厚条板隔墙接板安装高度应不大于 4.2 m；150 mm 厚条板隔墙接板安装高度应不大于 4.5 m。

3.4.1　轻集料混凝土条板内隔墙

轻集料混凝土条板内隔墙，分为空心和实心两种类型。空心条板是以普通硅酸盐水泥或低碱硫铝酸盐水泥为胶结材料，低碳冷拔钢丝或短切纤维为增强材料，掺加粉煤灰、浮石、陶粒、煤矸石、炉渣、石粉、建筑施工废渣等工业灰渣以及其他天然轻集料、人造轻集料制成的预制条板，见图 3-4-1。实心条板是以普通硅酸盐水泥或低碱硫铝酸盐水泥为胶结材料，双层钢筋网片为增强材料，掺加浮石、陶粒、煤矸石、石粉等制成的预制条板。轻集料混凝土条板内隔墙具有很好的隔声、防火、防水、保温性能，强度高、施工方便，可根据工程设计要求，用于分户隔墙、分室隔墙、走廊隔墙和楼梯间隔墙。

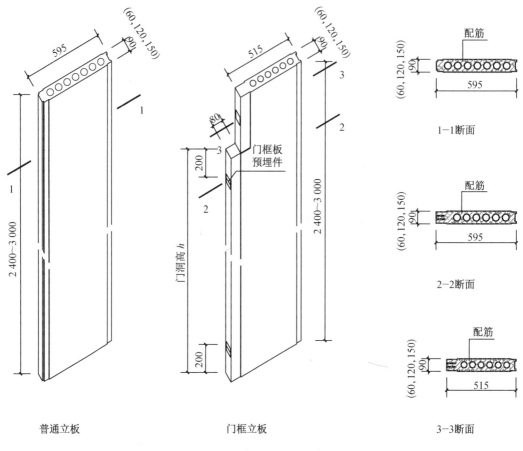

图 3-4-1 轻集料混凝土条板

3.4.2 石膏空心条板隔墙

石膏空心条板是采用建筑石膏(掺加小于 10% 的普通硅酸盐水泥)、膨胀珍珠岩及以中碱玻璃纤维涂塑网格布(或短切玻璃纤维)增强制成的空心条板。其具有较好的隔声、防火性能，质轻、施工方便，可组装成单层、双层隔墙。可根据设计要求，用于分户隔墙、分室隔墙和走廊隔墙。

3.4.3 水泥空心条板内隔墙

水泥空心条板是以低碱度硫铝酸盐水泥或快硬铁铝酸盐水泥、膨胀珍珠岩、粉煤灰等为主要原料，以耐碱玻璃纤维涂塑网格布为增强材料制成的空心条板。其具有较好的隔声、防火、防水性能，质轻、施工方便，可组装成单层、双层隔墙，用于分户隔墙、分室隔墙和走廊隔墙。

3.4.4　硅镁条板内隔墙

硅镁条板采用轻烧镁粉、氯化镁，掺加工业废料粉煤灰和适量的外加剂，以 PVA 维尼纶短切纤维、聚丙烯纤维等为增强材料制成，有空心和实心两种板型。其具有较好的隔声、保温、防火性能，质轻、施工方便，可组装成单层、双层隔墙，用于分户隔墙、分室隔墙和走廊隔墙。

3.4.5　泡沫水泥条板内隔墙

泡沫水泥条板是以硫铝酸盐水泥为胶凝材料，掺加粉煤灰和适量的外加剂，以中碱涂塑或无碱玻纤网格布为增强材料，采用机制成型的微孔实心或空心条板。其具有较好的隔声、防火、保温性能，质轻、施工方便。可根据设计要求，用于分户隔墙、分室隔墙和走廊隔墙。

3.4.6　植物纤维空心条板内隔墙

植物纤维空心条板是以锯末、麦秆、稻草、玉米秆等植物秸秆中的一种材料，以轻烧镁粉、氯化镁、改性剂等为原料配制的黏合剂为胶凝材料，以中碱或无碱短玻纤为增强材料制成的中空型轻质条板。其具有质量轻、防火、隔声性能好、施工方便等优点，可组装成单层、双层隔墙。可根据设计要求，用于分户隔墙、分室隔墙和走廊隔墙。

3.4.7　聚苯颗粒水泥条板内隔墙

聚苯颗粒水泥条板是采用不同材质面板与夹芯层材料复合制成的预制实心条板。板内芯材为聚苯颗粒和水泥或陶粒。面板一般采用纤维水泥平板、纤维增强硅酸钙板、玻镁平板、石膏平板等。其具有质量轻、防火、保温、隔声性能好、施工方便等优点，可组装成单层、双层隔墙。可根据设计要求，用于分户隔墙、分室隔墙、走廊隔墙和楼梯间隔墙。

3.4.8　纸蜂窝夹芯复合条板内隔墙

纸蜂窝复合条板结构为纸蜂窝芯板与不同材质硬质面板复合，是由经特殊加工处理的纸蜂窝芯材与不间材质的面板制成的复合条板。面板有纤维水泥平板、纤维石膏平板、纤维增强硅酸钙板、玻镁平板等，隔墙骨架采用轻钢龙骨或木龙骨、钙塑龙骨等。其具有质量轻、阻燃防火、保温、隔声性能好、可加工性能好、施工方便等优点，可组装成单层、双层隔墙。纸蜂窝隔墙不宜应用于潮湿环境和防盗标准高的部位。可根据设计要求，用于房间隔墙、分室隔墙和走廊隔墙。

条板与相邻构件连接构造及轻质条板内隔墙的具体构造见图 3-4-2。

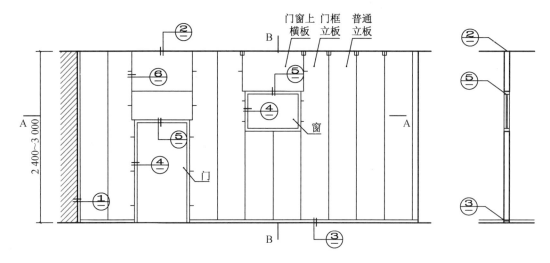

轻质条板内隔墙立面

B-B断面

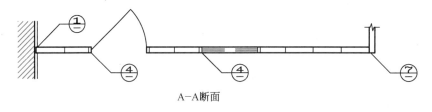

A-A断面

轻质条板内隔墙构造索引

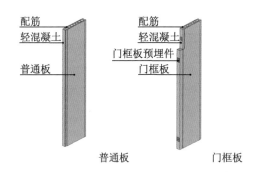

普通板　　　门框板

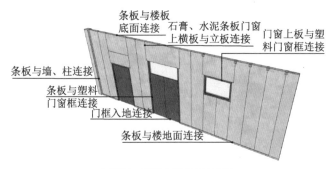

门窗洞口跳板内隔墙立面索引

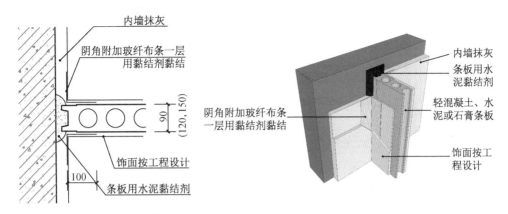

内墙抹灰
阴角附加玻纤布条一层用黏结剂黏结

90
(120,150)

阴角附加玻纤布条一层用黏结剂黏结

饰面按工程设计

100

条板用水泥黏结剂

内墙抹灰
条板用水泥黏结剂
轻混凝土、水泥或石膏条板
饰面按工程设计

① 条板与墙、柱的连接构造节点及三维示意图

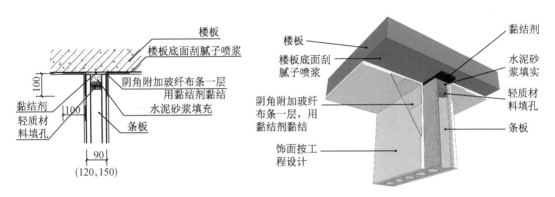

楼板
楼板底面刮腻子喷浆
阴角附加玻纤布条一层用黏结剂黏结
水泥砂浆填充
条板

100
100

黏结剂
轻质材料填孔

90
(120,150)

楼板
楼板底面刮腻子喷浆
阴角附加玻纤布条一层，用黏结剂黏结
饰面按工程设计

黏结剂
水泥砂浆填实
轻质材料填孔
条板

② 条板与楼板底面的连接构造节点及三维示意图

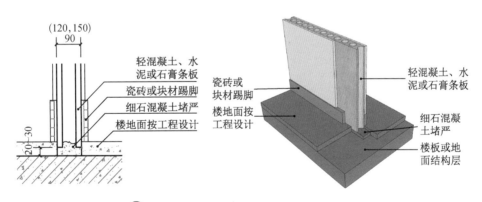

(120,150)
90

轻混凝土、水泥或石膏条板
瓷砖或块材踢脚
细石混凝土堵严
楼地面按工程设计

20~30

瓷砖或块材踢脚
楼地面按工程设计

轻混凝土、水泥或石膏条板
细石混凝土堵严
楼板或地面结构层

③ (a) 条板与楼地面的连接构造节点及三维示意图

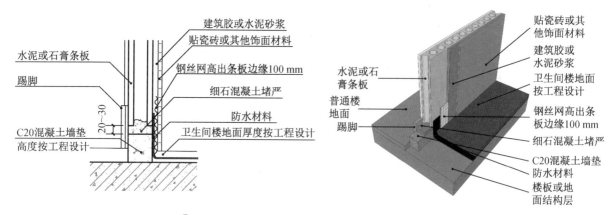

水泥或石膏条板

踢脚

C20混凝土墙垫
高度按工程设计

20~30

建筑胶或水泥砂浆

贴瓷砖或其他饰面材料

钢丝网高出条板边缘100 mm

细石混凝土堵严

防水材料

卫生间楼地面厚度按工程设计

贴瓷砖或其他饰面材料

建筑胶或水泥砂浆

卫生间楼地面按工程设计

钢丝网高出条板边缘100 mm

细石混凝土堵严

C20混凝土墙垫

防水材料

楼板或地面结构层

水泥或石膏条板

普通楼地面

踢脚

③／(b) 条板与卫生间楼地面的连接构造节点及三维示意图

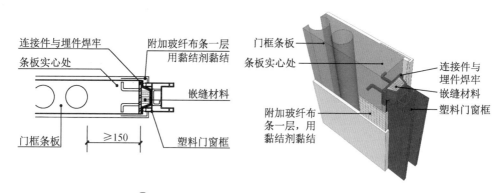

连接件与埋件焊牢

条板实心处

门框条板

≥150

附加玻纤布条一层用黏结剂黏结

嵌缝材料

塑料门窗框

门框条板

条板实心处

连接件与埋件焊牢

嵌缝材料

塑料门窗框

附加玻纤布条一层，用黏结剂黏结

④／ 条板与塑料门窗框的连接构造节点及三维示意图

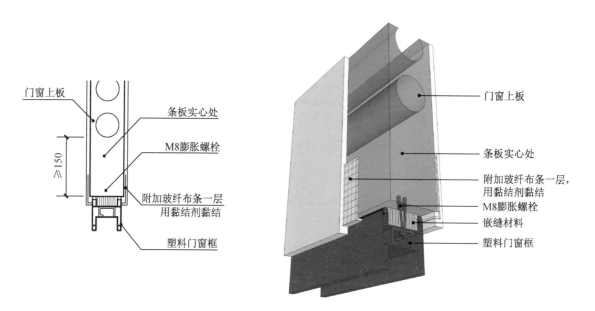

门窗上板

条板实心处

M8膨胀螺栓

附加玻纤布条一层用黏结剂黏结

塑料门窗框

≥150

门窗上板

条板实心处

附加玻纤布条一层，用黏结剂黏结

M8膨胀螺栓

嵌缝材料

塑料门窗框

⑤／ 门窗上板与塑料门窗框的连接构造节点及三维示意图

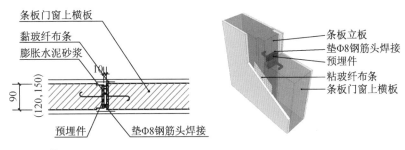

$\frac{6}{\text{—}}$（a）轻混凝土条板门窗上横板与立板的连接构造节点及三维示意图

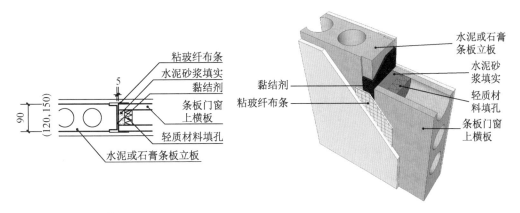

$\frac{6}{\text{—}}$（b）石膏/水泥条板门窗上横板与立板的连接构造节点及三维示意图

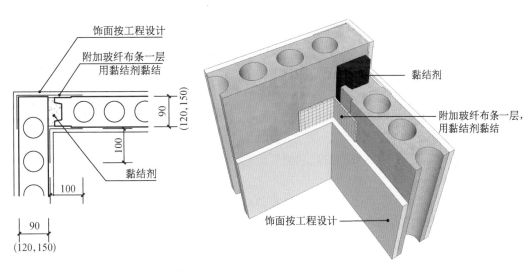

$\frac{7}{\text{—}}$条板直角的连接构造节点及三维示意图

图 3-4-2　条板与相邻构件连接构造图

第四章

墙饰面一般装修

4.1　墙面装修的作用

墙面装修是建筑工程的一个重要环节，它对延长建筑的使用年限和提高建筑的整体艺术效果起着重要的作用。墙面装修的作用主要包括以下三个方面。

1. 保护作用

建筑外墙直接暴露在大气中，在风、霜、雨、雪和太阳辐射等的作用下，墙体构件可能因热胀冷缩导致结构节点被拉裂，影响牢固与安全。外墙体表面通过抹灰、涂料等饰面装修进行处理，不仅可以抵抗外界各种不利因素如水、火、酸、碱、氧化、风化等对墙体的破坏，还可以保护墙体不直接受到外力的磨损、碰撞和破坏，从而提高墙体的坚固性和耐久性，延长其使用年限。

2. 满足房屋的使用功能要求

通过对墙体表面的装修，不仅可以改善室内外清洁、卫生条件，还能增强建筑物的采光、保温、隔热、隔声性能。例如，砖砌体抹灰后不但能提高建筑物室内的环境照度，而且能防止冬天砖缝可能引起的空气渗透。

3. 装饰作用

墙面装修不仅具有保护墙体作用，还有美化和装饰作用。通过对墙面材料的色彩、质感、纹理、图案等的处理，丰富建筑的造型艺术，增加室内光线反射，改善室内亮度，使室内变得更加温馨，富有一定的艺术魅力。通过正确、合理地运用建筑线形以及不同饰面材料的质地、色彩和图案组合给人以不同的感受。

4.2　外墙饰面装修的分类

外墙饰面装修可根据建筑物的不同使用性质来选择，根据装修材料和做法不同，分为抹灰类、贴面类和涂料类。

4.2.1　抹灰类墙面装修

抹灰是我国传统的墙面装修做法，应用较为广泛。它是以水泥、石灰膏等胶黏材料加入砂或石粉，再与水拌和成砂浆抹到墙面上的一种工艺做法。这种墙饰面做法的主要优点是材料来源广泛，施工操作简便，造价低廉；缺点是多数做法仍为手工操作，工效较低，年久容易龟裂，同时表面粗糙，易积灰等。在工程中，除清水墙仅做墙面勾缝处理外，多数都要抹灰。

1. 抹灰的组成与作用

为保证抹灰质量，做到表面平整、黏结牢固、色彩均匀、不开裂，在抹灰前应将基层表面的灰尘污渍等清除干净，并洒水湿润。抹灰层不能太厚，施工时须分层操作。抹灰一般分三层，即底灰层、中灰层和面灰层，见图 4-2-1。

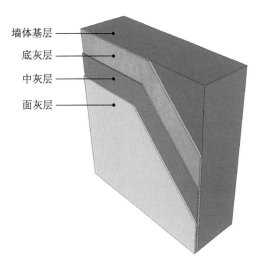

墙体基层

底灰层

中灰层

面灰层

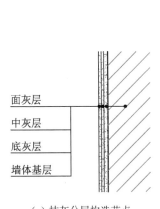

面灰层

中灰层

底灰层

墙体基层

（a）抹灰分层构造节点　　　　　　　（b）抹灰分层构造三维示意图

图 4-2-1　抹灰分层构造

(1) 底层抹灰

主要起与基层墙面粘牢和初步找平的作用，又称刮糙。底层的材料与施工操作对抹灰的质量有很大影响。用料根据基层的不同而异，其厚度一般为 5~7 mm。

① 墙体基层为砖、石时，由于水泥和石灰均与砖石有较好的黏结力，又可借助灰缝凹进砌体而加强灰浆的黏结效果，因此石灰砂浆、混合砂浆和水泥砂浆均可采用。

② 墙体基层为混凝土时，底层抹灰应采用水泥砂浆、混合砂浆或聚合物水泥砂浆。

③ 墙体基层为硅酸盐砌块或加气混凝土砌块时，底层抹灰应采用混合砂浆或聚合物水泥砂浆。

④ 墙体基层为灰板条时，宜将石灰砂浆作为底灰。由于灰板条吸水膨胀，干燥后收缩，砂浆容易脱落，因此在底层灰浆中应掺入适量的麻刀或玻璃纤维起增强作用，并在操作时将灰浆挤入基层的缝隙内以加强拉结。

(2) 中层抹灰

主要起进一步找平的作用，弥补底层因灰浆干燥后收缩出现的裂缝。材料基本与底层相同。根据施工质量要求，可以一次抹成，亦可分层操作，厚度为 5～9 mm。

（3）面层抹灰

主要起装饰作用，要求表面平整、均匀、无裂痕。厚度一般为 2～8 mm。面层不包括在面层上的刷浆、喷浆或涂料。

施工时，应先清理基层，除去浮尘，并洒水湿润，以保证底层灰浆与基层黏结牢固。对于吸水性较大的墙体，如加气混凝土墙，在抹灰前须将墙面浇湿，以免抹灰后过多吸收砂浆中水分而影响黏结。

抹灰砂浆强度较差时，阳角很容易碰坏，通常在抹灰前，先在内墙阳角用 1∶2 水泥砂浆抹成护角，护角高度从地面起不低于 2 m，然后再做底层及面层抹灰。

2. 墙面抹灰的种类及做法

墙面抹灰有一般抹灰和装饰抹灰之分。一般抹灰又分为普通抹灰和高级抹灰。普通抹灰一般用于普通住宅、办公楼、学校等；高级抹灰用于大型公共建筑、纪念性建筑及特殊要求的建筑。普通标准的抹灰分底层和面层，较高标准的抹灰分为底层、中层和面层。外墙抹灰的平均厚度为 20～25 mm，内墙抹灰的平均厚度为 20 mm。为了保证抹灰的质量，使墙表面平整、黏结牢固、不开裂、不脱落、便于操作并有利于节省材料，墙面抹灰均须分层进行。

（1）一般抹灰

一般抹灰主要目的是对墙面进行找平处理并形成墙体表面的涂层。常用的有石灰砂浆抹灰、混合砂浆抹灰、纸筋石灰浆抹灰、麻刀石灰浆抹灰、水泥砂浆抹灰。水泥砂浆抹灰构造见图 4-2-2，构造层次见表 4-2-1。水泥砂浆抹灰要注意护角的做法，见图 4-2-3。

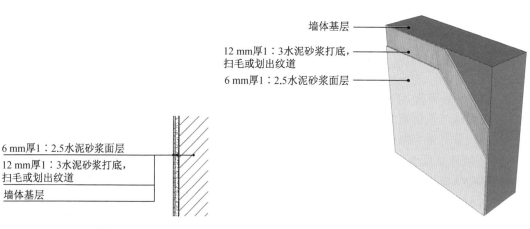

6 mm厚1∶2.5水泥砂浆面层
12 mm厚1∶3水泥砂浆打底，扫毛或划出纹道
墙体基层

墙体基层
12 mm厚1∶3水泥砂浆打底，扫毛或划出纹道
6 mm厚1∶2.5水泥砂浆面层

（a）水泥砂浆抹灰构造节点　　　　　　　　（b）水泥砂浆抹灰构造三维示意图

图 4-2-2　水泥砂浆抹灰构造

（2）装饰抹灰

装饰抹灰除具有一般抹灰的功能外，更注重抹灰的装饰性。装饰抹灰按面层材料的不同可分为石碴类（水刷石、水磨石、干粘石、斩假石）、水泥、石灰类（拉条灰、拉毛灰、洒毛灰、假面砖、仿石）和聚合物水泥砂浆类（喷涂、滚涂、弹涂）等。石碴类饰

面材料是装饰抹灰中使用较多的一类，以水泥为胶结材料，以石碴为骨料做成水泥石碴浆作为抹灰面层，然后用水洗、斧剁、水磨等方法除去表面水泥浆皮，或者在水泥砂浆表面上甩粘小粒径石碴，使饰面显露出石碴的颜色、质感，具有丰富的装饰效果。常用的石碴类装饰抹灰构造层次见表4-2-2。

表4-2-1　常用的一般抹灰做法及选用表

部位		底层		中层		面层		总厚度/mm
		砂浆种类	厚度/mm	砂浆种类	厚度/mm	砂浆种类	厚度/mm	
内墙面	砖墙	石灰砂浆1:3	6	石灰砂浆1:3	10	纸筋灰浆/普通级做法一遍；中级做法二遍；高级做法三遍，最后一遍用滤浆灰。高级做法厚度为3.5 mm	2.5	18.5
		混合砂浆1:1:6	6	混合砂浆1:1:6	10		2.5	18.5
	砖墙（高级）砖墙（防潮）	水泥砂浆1:3	6	水泥砂浆1:3	10		2.5	18.5
		混合砂浆1:1:6	6	混合砂浆1:1:6	10		2.5	18.5
	混凝土加气混凝土	水泥砂浆1:3	6	水泥砂浆1:2.5	10		2.5	18.5
		混合砂浆1:1:6	6	混合砂浆1:1:6	10		2.5	18.5
	钢丝网板条	石灰砂浆1:3	6	石灰砂浆1:3	10		2.5	18.5
		水泥纸筋砂浆1:3:4	8	水泥纸筋砂浆1:3:4	10		2.5	20.5
外墙面	砖墙	水泥砂浆1:3	6~8	水泥砂浆1:3	8	水泥砂浆1:2.5	10	24~26
	混凝土	混合砂浆1:1:6	6~8	混合砂浆1:1:6	8	水泥砂浆1:2.5	10	24~26
	加气混凝土	水泥砂浆1:3 108胶溶液处理	—	水泥砂浆1:3 5%108胶水泥刮腻子	8	水泥砂浆1:2.5 混合砂浆1:1:6	10 8~10	24~26 8~10
梁柱	混凝土梁柱	混合砂浆1:1:4	6	混合砂浆1:1:5	10	纸筋灰浆，三次罩面，第三次用滤浆灰	3.5	19.5
	砖柱	混合砂浆1:1:6	8	混合砂浆1:1:4	10		3.5	21.5
阳台雨棚	平面	水泥砂浆1:3	10			水泥砂浆1:2	10	20
	顶面	水泥纸筋砂浆1:3:4	5	水泥纸筋砂浆1:2:4	5	纸筋灰浆	2.5	12.5
	侧面	水泥砂浆1:3	5	水泥砂浆1:2.5	6	水泥砂浆1:2	10	21
其他	挑檐、腰线、窗套、窗台线、遮阳板	水泥砂浆1:3	5	水泥砂浆1:2.5	8	水泥砂浆1:2	10	23

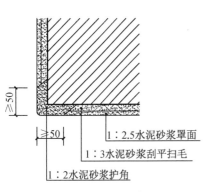

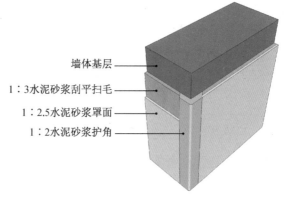

墙体基层

1：3水泥砂浆刮平扫毛

1：2.5水泥砂浆罩面

1：2水泥砂浆护角

1：2.5水泥砂浆罩面
1：3水泥砂浆刮平扫毛
1：2水泥砂浆护角

（a）水泥砂浆护角构造节点　　　　　　　（b）水泥砂浆护角构造三维示意图

图 4-2-3　水泥砂浆护角构造

表 4-2-2　常用的石碴类装饰抹灰做法及选用表

种类	做法说明	厚度/mm	适用范围	备注
水刷石	底：1：3水泥砂浆 中：1：3水泥砂浆 面：1：2水泥白石子用水刷洗	7 5 10	砖石基层墙面	用中八厘石子；当用小八厘石子时比例为1：1.5，厚度为8 mm
干粘石	底：1：3水泥砂浆 中：1：1：1.5水泥石灰砂浆 面：刮水泥浆，干粘石压平实	10 7 1	砖石基层墙面	石子粒径3～5 mm，做中层时按设计分格
斩假石	底：1：3水泥砂浆 中：1：3水泥砂浆 面：1：2水泥白石子用斧斩	7 5 12	主要用于外墙局部加门套、勒脚等装修	

　　水刷石墙面构造做法见图 4-2-4，干粘石墙面构造做法见图 4-2-5，剁斧石墙面构造做法见图 4-2-6。

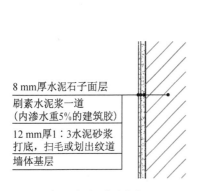

墙体基层

12 mm厚1：3水泥砂浆
打底，扫毛或划出纹道

刷素水泥浆一道(内渗
水重5%的建筑胶)

8 mm厚水泥石子面层

8 mm厚水泥石子面层
刷素水泥浆一道
(内渗水重5%的建筑胶)
12 mm厚1：3水泥砂浆
打底，扫毛或划出纹道
墙体基层

（a）水刷石构造节点　　　　　　　（b）水刷石构造三维示意图

图 4-2-4　水刷石墙面构造

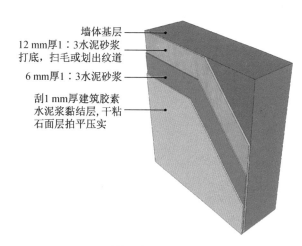

刮1 mm厚建筑胶素水泥浆黏
结层,干粘石面层拍平压实

6 mm厚1：3水泥砂浆

12 mm厚1：3水泥砂浆
打底扫毛或划出纹道

墙体基层

（a）干粘石墙面构造节点　　　　　　（b）干粘石墙面构造三维示意图

图 4-2-5　干粘石墙面构造

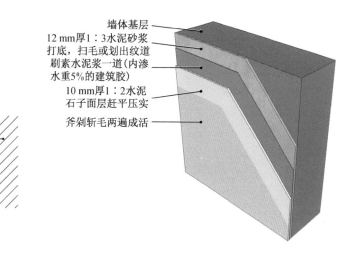

斧剁斩毛两遍成活

10 mm厚1：2水泥
石子面层赶平压实

刷素水泥浆一道(内
渗水重5%的建筑胶)

12 mm厚1：3水泥砂浆
打底，扫毛或划出纹道

墙体基层

（a）剁斧石墙面构造节点　　　　　　（b）剁斧石墙面构造三维示意图

图 4-2-6　剁斧石墙面构造

　　由于外墙抹灰面积较大，为防止因材料干缩和温度变化引起面层开裂，应在抹灰面层中每隔一定距离预留"引条线"，见图 4-2-7。将外墙面的抹灰划分小块。引条线的做法是预先在打底层之上临时固定木制的引条，待面层完成后将预留的木制引条踢出，在缝隙中用建筑密封膏等材料进行嵌缝处理。

4.2.2　贴面类墙面装修

　　贴面类墙面指采用各种面砖、瓷砖、陶瓷锦砖，以及预制的水磨石饰面板、块和各种人造石板和天然石板(如大理石板、花岗石板、青石板)等块材用胶结材料镶贴或用铁件通过构造连接，贴附于墙面的一种饰面装修。这些材料内外墙均可用。有的材料质感细腻，用于室内，如瓷砖、大理石等；而有的材料则因质感粗放而适用于外墙，如面砖、花岗石等。贴面类墙面具有耐久性强、施工方便、质量高、易于清洗、装饰效果好等优点。

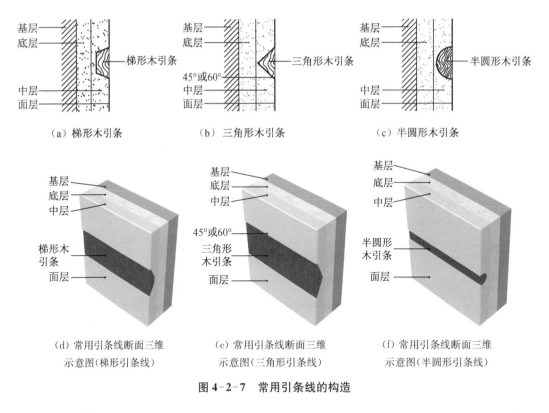

（a）梯形木引条　　　　　　　（b）三角形木引条　　　　　　　（c）半圆形木引条

（d）常用引条线断面三维　　　（e）常用引条线断面三维　　　（f）常用引条线断面三维
　　示意图（梯形引条线）　　　　示意图（三角形引条线）　　　　示意图（半圆形引条线）

图 4-2-7　常用引条线的构造

1. 面砖

面砖多数是以陶土或瓷土为原料，压制成型后经焙烧而成。由于面砖不仅可以用于墙面装饰，也可用于地面，因此被人们称之为墙地砖。常见的面砖有釉面砖、无釉面砖、仿花岗石瓷砖、劈离砖等。

釉面砖是用于建筑物内墙装饰的薄板状精陶制品，有时也称为瓷片。釉面砖的结构由两部分组成，即坯体和表面釉彩层。釉面砖除白色和彩色外，还有图案砖、印花砖以及各种装饰釉面砖等，主要用于高级建筑内外墙面以及厨房、卫生间的墙裙贴面。用釉面砖装饰建筑物内墙，可使建筑物具有独特的干净、易清洗和清新美观的建筑效果。无釉面砖俗称外墙面砖，主要用于高级建筑外墙面装修。外墙面砖坚固耐用、色彩鲜艳、易清洗、防火、防水、耐磨、耐腐蚀、维修费用低。外墙面砖是高档饰面材料，一般用于装饰等级要求较高的工程，它不仅可以防止建筑物表面被大气侵蚀，而且可使立面美观。但是，较大尺寸的面砖作为外墙装饰材料时容易脱落，不利于安全。

面砖安装前先将表面清洗干净，然后将面砖放入水中浸泡，贴前取出晾干或擦干。面砖安装时用 1∶3 水泥砂浆打底并划毛，后用 1∶0.3∶3 水泥石灰砂浆或用掺有 108 胶（水泥用量 5%～10%）的 1∶2.5 水泥砂浆满刮于面砖背面，其厚度不小于 10 mm，然后将面砖贴于墙上，轻轻敲实，使其与底灰粘牢。待面砖与墙体粘贴牢固后，用专用面砖勾缝剂进行勾缝，达到一定强度后，用海绵粘上稀草酸清洗粘在面砖上的水泥浆及残留物，然后用清水冲洗干净。外墙饰面砖构造，见图 4-2-8。一般面砖背面有凹凸纹路，更有利于面砖粘贴牢固。对贴于外墙的面砖，常在面砖之间留出约 13 mm 的缝隙，以利于湿气排出。内墙面为便于擦洗和防水，则要求安装紧密，不留缝隙。面砖如被污染，可用浓度为 10％的盐酸洗刷，并用清水洗净。

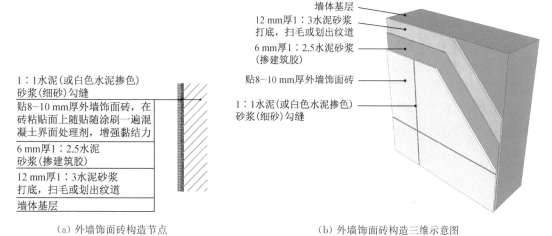

1：1水泥(或白色水泥掺色)
砂浆(细砂)勾缝

贴8～10 mm厚外墙饰面砖，在砖粘贴面上随贴随涂刷一遍混凝土界面处理剂，增强黏结力

6 mm厚1：2.5水泥
砂浆(掺建筑胶)

12 mm厚1：3水泥砂浆
打底，扫毛或划出纹道

墙体基层

墙体基层
12 mm厚1：3水泥砂浆
打底，扫毛或划出纹道
6 mm厚1：2.5水泥砂浆
(掺建筑胶)
贴8～10 mm厚外墙饰面砖
1：1水泥(或白色水泥掺色)
砂浆(细砂)勾缝

(a)外墙饰面砖构造节点　　　　　　　　　(b)外墙饰面砖构造三维示意图

图 4-2-8　外墙饰面砖构造

采用普通水泥砂浆粘贴容易引起陶瓷板空鼓、脱落，特别是在经过一段时间的使用后因为温度循环和湿度循环，常常见到因脱落造成的隐患事故。故住建部规定在 2022 年 9 月 15 日之后全面停止在新开工项目中使用水泥砂浆粘贴饰面砖工艺。

目前，饰面砖的粘贴主要采用瓷砖胶，其具有高黏结性，其黏结力度能够达到水泥砂浆的 3 倍，且有防水、耐高温、无毒环保、柔韧性好、施工简便等优势。使用过程中只要薄薄的一层就可以，比水泥砂浆节省空间。适用于室内外陶瓷墙地砖、陶瓷马赛克的粘贴，也适用于各类建筑物的内外墙面、水池、厨卫间、地下室等的防水层。

2. 锦砖

锦砖又称马赛克或纸皮砖，分为陶瓷锦砖和玻璃锦砖。陶瓷锦砖由优质瓷土烧制而成，其色泽多样、图案各异、质地坚实、经久耐用，能耐酸、耐碱、耐火、耐磨，抗压力强、吸水率小、不渗水、易清洗。规格有 18.5 mm × 18.5 mm × 5 mm、39 mm×39 mm×5 mm、39 mm×19 mm×5 mm 的矩形块以及边长 25 mm 的六角形块等。主要用于工业与民用建筑的洁净车间、门厅、走廊、餐厅、厕所、浴室、工作间、化验室等处的地面和内墙面，并可作为高级建筑物的外墙饰面材料。

玻璃马赛克由天然矿物质和玻璃粉制成。其质地坚硬、表面光滑、色调柔和、性能稳定，具有耐热、耐寒、耐腐蚀、不龟裂、不褪色的优点，此外还有不积尘、雨天自洁、经久常新、容重轻、与水泥黏结性能好等特点，便于施工。规格有 20 mm×20 mm、30 mm×30 mm、40 mm×40 mm，厚 4～6 mm。主要用于游泳馆、科技馆、影剧院等公共场合的墙地面装修，特别是在室内墙壁和夜晚周边环境比较黑的情况下，更能突出其反光效果。

为了便于施工、简化操作过程，工厂在生产锦砖时，将锦砖事先粘贴在尺寸为 300～500 mm 见方(称做一联)的牛皮纸上，瓷片间隙为 1 mm。粘贴锦砖的构造做法为：在墙体上抹9～10 mm厚1：3水泥砂浆打底、找平、扫毛，刷素水泥浆一道，在底层上根据墙体高度弹若干水平黑线，按设计要求与锦砖的规格确定分格缝的宽度，然后用1：2水泥砂浆（掺水泥重的20％的胶）或者瓷砖胶粘贴锦砖。粘贴后12 h左右在纸面上均匀地刷水，常温下经过15～30 min，纸便湿透，即可揭掉牛皮纸，并及时将纸毛清理干净，等锦砖与墙面粘贴牢固后进行填缝，用填缝工具将填缝剂（白水泥或彩色填缝剂）均匀涂于马赛克的表面，填缝工具要对角移动，先由下到上，再由上到下，确保所有的填缝剂能够完全填满并且没有多余的残留，在填缝剂干后大约1 h开始清洁马赛克表面，准备一桶干净水，用毛巾或柔软物擦掉马赛克表面多余的填缝剂，防止对面层的污染，如有污迹，应用浓度为10％的盐酸刷洗并随即用清水洗净。陶瓷锦砖构造做法见图4-2-9。

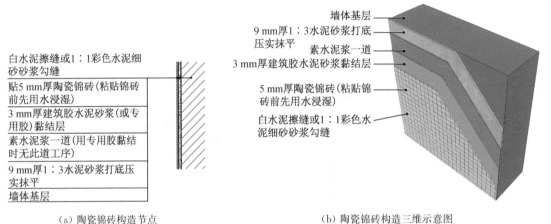

（a）陶瓷锦砖构造节点　　　　　　　　（b）陶瓷锦砖构造三维示意图

图4-2-9　陶瓷锦砖构造

3. 石材贴面

(1) 石材的类型

① 天然石材

天然石材饰面板不仅具有各种颜色、花纹、斑点等天然材料的自然美感，而且质地密实坚硬，耐久性、耐磨性好，在装饰工程中的适用范围广泛，可用来制作饰面板材、各种石材线角、罗马柱、茶几、石质栏杆、电梯门贴脸等。但是由于材料的品种、来源的局限性，造价比较高，属于高级饰面材料。

天然石材，按其表面的装饰效果，可分为磨光和剁斧两种主要处理形式。磨光的产品分为粗磨板、精磨板、镜面板等。剁斧的产品可分为磨面、条纹面等类型。也可以根据设计需要加工成其他的表面。板材饰面的天然石材主要有花岗石、大理石和青石板。

② 人造石材

人造石材属于复合装饰材料，它具有质量轻、强度高、耐腐蚀性强等优点。人造石材包括水磨石、合成石材等。人造石材的色泽和纹理不及天然石材自然柔和，但其花纹和色彩可以根据需要人为地控制，可选择范围广，且造价要低于天然石材。

（2）石材贴面构造

石材贴面的墙面，在施工前首先根据设计要求核对石材品种、规格和颜色，进行统一编号；其次，对饰面板在墙面和柱面上的分布进行排列设计，应将石板的接缝宽度包括在内，计算板块的排列，并按安装顺序编号，按分块的大样详图加工及安装。

石材的安装构造有粘贴法、湿挂法和干挂法三种。

① 粘贴法

粘贴法适用于板材厚度为 8~12 mm、尺寸不大于 300 mm×300 mm 的薄型板材和粘贴高度在 3 m 以下的非地震区的室内装修。粘贴法有湿贴和干贴两种。处理基层时，当基层墙体为砖墙时，应先用 10 mm 厚 1∶3 水泥砂浆打底，扫毛或划出纹道；当墙体为混凝土墙或混凝土空心砌块墙时，应用混凝土界面处理剂刷一道，并用 5 mm 厚 1∶3 水泥砂浆打底，扫毛或划出纹道，刷聚合物水泥浆一道。粘贴面板时，采用干贴法时，直接用石材专用胶将石材贴在找平层上；采用湿贴法时，用水泥砂浆或胶泥作为黏结剂将石材贴到找平层上，在板材接缝处用稀水泥浆擦缝。这种方法仅适用于混凝土墙、混凝土空心砌块墙粘贴石材墙面构造，见图 4-2-10。

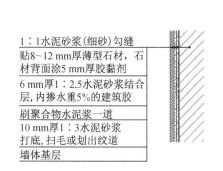

墙体基层

10 mm厚1∶3水泥砂浆
打底，扫毛或划出纹道

刷聚合物水泥浆一道

6 mm厚1∶2.5水泥砂浆结合
层，内渗水重5%的建筑胶

贴8~12 mm厚薄型石材，石
材背面涂5 mm厚胶黏剂

1∶1水泥砂浆（细砂）勾缝

1∶1水泥砂浆（细砂）勾缝

贴8~12 mm厚薄型石材，石材背面涂5 mm厚胶黏剂

6 mm厚1∶2.5水泥砂浆结合层，内掺水重5%的建筑胶

刷聚合物水泥浆一道

10 mm厚1∶3水泥砂浆打底，扫毛或划出纹道

墙体基层

（a）粘贴石材墙面构造节点（湿贴法）　　　　　（b）粘贴石材墙面构造三维示意图（湿贴法）

图 4-2-10　粘贴石材墙面构造

② 湿挂法

由于石板尺寸大、质量重，仅靠砂浆粘贴是不安全的，因此天然石材要用电钻打好安装孔，较厚的板材应在其背面凿两条 2~3 mm 深的砂浆槽。板材的阳角交接处应做好 45°的倒角处理。根据石材的种类及厚度，选择适宜的连接方法。湿挂法是先在墙面上预埋 ϕ8 mm 钢筋，并伸出墙面 50 mm，与 ϕ6 mm 的双向钢筋网焊接牢固，将背面打好双股铜丝或镀锌铅丝的石材绑扎在钢筋网上。石板靠木楔校正，以石膏作为临时固定。在板材与墙体的夹缝内灌以水泥砂浆，要分层灌注。全部板材安装完毕后，清理板材表面的水泥浆，最后用与石材相同颜色的水泥浆勾缝，边嵌边擦，使缝隙嵌浆密实。挂贴石材墙面构造见图 4-2-11。湿挂法的成本较高。由于湿挂法采用先绑后灌浆的固定方式，板材与基层结合紧密，适用于室内墙面的安装。其缺点是灌浆易污染板面，且在使用阶段板面易泛碱，影响装饰效果。

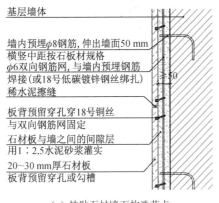

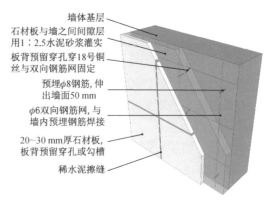

（a）挂贴石材墙面构造节点　　　　　　　（b）挂贴石材墙面构造三维示意图

图 4-2-11　挂贴石材墙面构造

③ 干挂法

干挂法是用金属连接件将板材与基层进行可靠连接，其间形成的空气间层不做灌浆处理。干挂法要求墙体预留埋件，适用于钢筋混凝土墙体。根据建筑外表面的材料不同，连接件分有龙骨体系和无龙骨体系。如不能满足强度要求的填充墙，选择有龙骨体系，主龙骨用镀锌方钢、槽钢、角钢，次龙骨多用角钢，连接件直接与次龙骨连接，见图 4-2-12。钢筋混凝土墙面则选用无龙骨体系，将连接件与墙体在确定的位置直接连接，见图 4-2-13。

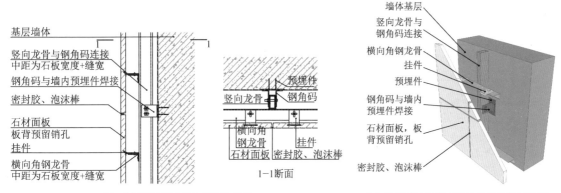

（a）干挂石材墙面有龙骨构造节点　　　　　　（b）干挂石材墙面有龙骨构造三维示意图

图 4-2-12　干挂石材墙面有龙骨构造

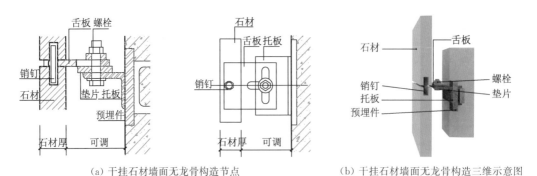

（a）干挂石材墙面无龙骨构造节点　　　　　　（b）干挂石材墙面无龙骨构造三维示意图

图 4-2-13　干挂石材墙面无龙骨构造

《天然石材装饰工程技术规程》(JCG/T 60001—2007)中规定：当石材板材单件质量大于 40 kg，或单块板材面积超过 1 m² 或室内建筑高度在 3.5 m 以上时，墙面和柱面应设计成干挂安装法。

干挂法装饰效果好，可避免湿挂法的弊端，石材表面不会出现泛碱，干作业施工，不受季节限制，施工速度快，广泛用于外墙面装饰。

4.2.3 涂料类墙面装修

建筑涂料是指涂敷于物体表面能与基体材料很好黏结并形成完整而坚韧的保护膜的材料。建筑涂料是现代建筑装饰材料中较为经济的一种，施工简单、工期短、工效高、装饰效果好、维修方便。其具有保护建筑物不受环境的影响和破坏的功能、装饰基层功能以及能改善建筑构件的使用功能，如隔音、吸声等。用于外墙面的涂料，应具有良好的耐久、耐污染性能。

建筑涂料的种类很多，按成膜物质分类，可分为无机涂料、有机高分子涂料、有机和无机复合涂料。按建筑涂料所用稀释剂分类，可分为溶剂型涂料、水溶性涂料、乳液型涂料。按建筑涂料的功能分类，可分为装饰涂料、防火涂料、防水涂料、防腐涂料、防霉涂料、防结露涂料等。按涂料的厚度和质感分类，可分为薄质涂料、厚质涂料、复层涂料等。

涂料饰面施工简单、省工省料、工期短、效率高、自重轻、维修更新方便，故在饰面装修工程中得到较为广泛的应用。

1. 无机涂料

无机涂料是历史上最早的一种涂料。传统的无机涂料有石灰浆、大白浆、色粉浆、可赛银浆等。无机涂料具有资源丰富、生产工艺简单、价格便宜、节约能源、减少环境污染等特点，是一种有发展前途的建筑涂料。

(1) 石灰浆

石灰浆是熟石灰与水形成的浆状混合物，具有一定的胶结作用，硬化后有一定的强度，可掺入各种色彩的耐碱颜料获得更好的装饰效果。为增强灰浆与基层的黏结力，可在浆中掺入 108 胶或聚醋酸乙烯乳液。石灰浆涂料的施工要待墙面干燥后进行，喷或刷两遍即成。石灰浆的耐久性、耐水性和耐污染性较差，主要用于室内墙面、顶棚饰面。

(2) 大白浆

大白浆是由大白粉掺入适量胶黏剂配制而成的。大白粉为一定细度的碳酸钙粉末，没有黏结性，因此需要掺入 108 胶或聚醋酸乙烯乳液，其掺入量分别为 15％和 8％～10％。大白浆可掺入颜料而成色浆。大白浆覆盖力强，涂层细腻洁白，且货源充足、价格低，施工、维修方便，广泛应用于室内墙面及顶棚。

(3) 可赛银浆

可赛银浆是由碳酸钙、滑石粉与酪素胶配制而成的粉末状材料。产品有白、杏黄、浅绿、天蓝、粉红等。使用时先用温水将粉末充分浸泡，使酪素胶充分溶解，再用水调制成需要的浓度即可。可赛银浆质细、颜色均匀，其附着力以及耐磨、耐碱性均较好，主要用于室内墙面及顶棚。

无机涂料墙面构造见图 4-2-14。

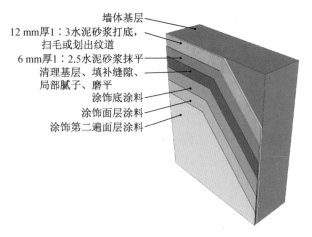

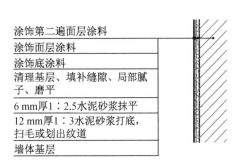

涂饰第二遍面层涂料
涂饰面层涂料
涂饰底涂料
清理基层、填补缝隙、局部腻子、磨平
6 mm厚1：2.5水泥砂浆抹平
12 mm厚1：3水泥砂浆打底，扫毛或划出纹道
墙体基层

墙体基层
12 mm厚1：3水泥砂浆打底，扫毛或划出纹道
6 mm厚1：2.5水泥砂浆抹平
清理基层、填补缝隙、局部腻子、磨平
涂饰底涂料
涂饰面层涂料
涂饰第二遍面层涂料

（a）无机涂料墙面构造节点　　　　　　（b）无机涂料墙面构造三维示意图

图 4-2-14　无机涂料墙面构造

2. 有机高分子涂料

有机高分子涂料依其主要成膜物质和稀释剂的不同可分为溶剂型、水溶型、乳液型涂料三类，以及氟碳树脂涂料。

(1) 溶剂型涂料

溶剂型涂料是以高分子合成树脂为主要成膜物质，有机溶剂为稀释剂，加入一定量颜料、填料及辅料，经辊轧塑化、研磨、搅拌、溶解配制而成的一种挥发性涂料。这类涂料具有较好的硬度、光泽、耐水性、耐腐蚀性、耐老化性。但施工时，会挥发有害气体，污染环境。施工时要求基层干燥，在潮湿基层上施工易产生起皮、脱落。主要用于外墙饰面，见图 4-2-15。

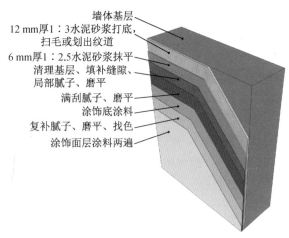

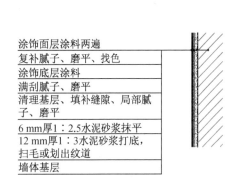

涂饰面层涂料两遍
复补腻子、磨平、找色
涂饰底层涂料
满刮腻子、磨平
清理基层、填补缝隙、局部腻子、磨平
6 mm厚1：2.5水泥砂浆抹平
12 mm厚1：3水泥砂浆打底，扫毛或划出纹道
墙体基层

墙体基层
12 mm厚1：3水泥砂浆打底，扫毛或划出纹道
6 mm厚1：2.5水泥砂浆抹平
清理基层、填补缝隙、局部腻子、磨平
满刮腻子、磨平
涂饰底涂料
复补腻子、磨平、找色
涂饰面层涂料两遍

（a）溶剂型涂料外墙面构造节点　　　　　（b）溶剂型涂料外墙面构造三维示意图

图 4-2-15　溶剂型涂料外墙面构造

（2）水溶型涂料

水溶型涂料是以水溶性合成树脂为主要成膜物质，以水为稀释剂，经研磨而成的涂料。这类涂料无毒无异味、透气性好、造价低廉、施工方便，但耐水性、耐洗刷性差，温度在 10 ℃以下时不易成膜，主要用于内墙饰面。水溶型涂料中有一种由丙烯酸树脂、彩色砂粒、各类辅助剂组成的真石漆涂料，其膜层质感与天然石材相似，色彩丰富，具有不燃、防水、耐久性好等优点，且施工简便，对基层的限制较少，适用于宾馆、剧场、办公楼等场所的内外墙饰面装饰。

（3）乳液型涂料

乳液型涂料是由合成树脂借助乳化剂的作用，以非常细小的颗粒分散在水中，形成非均相的乳状液。当填充料为细小粉末时，所配制的涂料能形成类似油漆漆膜的平滑涂层，故习惯上称为"乳胶漆"，其构造做法见图 4-2-16。乳液型涂料以水为分散介质，无毒、不污染环境、涂膜干燥快、饰面可以擦洗、装饰效果好。

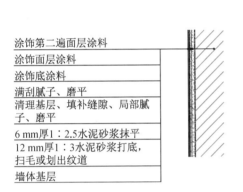

（a）合成树脂乳液型涂料墙面节点　　　　　　（b）合成树脂乳液型涂料墙面三维示意图

图 4-2-16　合成树脂乳液型涂料墙面

乳液型涂料品种较多，属高级饰面材料，施工须按所用涂料的品种、性能及要求（如基层平整、光洁、无裂纹等）进行，方能达到预期的效果。若掺有类似云母粉、粗砂粒等粗填料所配得的涂料，能形成有一定粗糙质感的涂层，称为乳液厚质涂料，通常用于外墙饰面。

（4）氟碳树脂涂料

氟碳树脂涂料是一类性能优于其他建筑涂料的新型涂料。由于采用具有特殊分子结构的氟碳树脂，该类涂料具有突出的耐候性、耐污性及防腐性能。作为外墙涂料，其耐久性可达 15～20 年，可称之为超耐候性建筑涂料。特别适用于有高耐候性、高耐污性要求和有防腐要求的高层建筑及公共、市政建筑。不足之处是价格偏高。

3. 有机和无机复合涂料

复合涂料主要有两种复合形式，一种是两类涂料在品种上的复合，另一种是两类涂料在涂层上的复合装饰。两类涂料在品种上的复合就是把水性有机树脂与水溶性硅酸盐等配制成混合液或分散液，如聚乙烯醇水玻璃涂料和苯丙—硅溶胶涂料等，或者是在无机物的表面上使用有机聚合物接枝制成悬浮液。以硅溶液、丙烯酸系列复合的外墙涂料，提高了涂膜的柔韧性及耐候性，同时又改善了有机材料易老化、不耐污染等问题。两类涂料在涂层上的复合装饰是指在建筑物的墙面上先涂覆一层有机涂料的涂层，然后再涂覆一层无机涂料的涂层，利用两层涂膜的收缩不同，使表面一层无机涂料涂层形成随机分布的裂纹纹理。

总之，有机和无机复合涂料能够弥补单纯无机或有机涂料的某方面缺陷，使涂料性能有所改善。

第五章

墙体的保温与隔热构造

建筑的围护结构应进行保温与隔热的设计，目的是改善建筑热工性能，保证建筑室内冬季和夏季基本的热环境要求，节约采暖和空调能耗。建筑的围护结构指围合建筑空间四周的墙体、门窗、屋顶等构件，这里主要介绍建筑墙体的保温与隔热构造。

5.1 我国的气候特点

我国幅员辽阔，各地气候复杂多样，从建筑热工设计考虑，以空气温度为主要依据，将我国划分为严寒、寒冷、夏热冬冷、夏热冬暖、温和等气候区，见表5-1-1。各气候区的气候特征及建筑基本要求如下。

表5-1-1 中国气候分区

建筑气候区划名称	热工区划名称	建筑气候区划主要指标	建筑基本要求
Ⅰ	ⅠA ⅠB ⅠC ⅠD	严寒地区	1月平均气温≤−10 ℃ 7月平均气温≤25 ℃ 7月平均相对湿度≥50%	1. 建筑物必须充分满足冬季保温、防寒、防冻等要求； 2. ⅠA、ⅠB区应防止冻土、积雪对建筑物的危害； 3. ⅠB、ⅠC、ⅠD区的西部，建筑物应防冰雹、防风沙
Ⅱ	ⅡA ⅡB	寒冷地区	1月平均气温−10～0 ℃ 7月平均气温18～28 ℃	1. 建筑物应满足冬季保温、防寒、防冻等要求，夏季部分地区应兼顾防热； 2. ⅡA区建筑物应防热、防潮、防暴风雨，沿海地带应防盐雾侵蚀
Ⅲ	ⅢA ⅢB ⅢC	夏热冬冷地区	1月平均气温0～10 ℃ 7月平均气温25～30 ℃	1. 建筑物应满足夏季防热、遮阳、通风降温要求，并应兼顾冬季防寒； 2. 建筑物应满足防雨、防潮、防洪、防雷电等要求； 3. ⅢA区应防台风、暴雨袭击及盐雾侵蚀； 4. ⅢB、ⅢC区北部冬季积雪地区建筑物的屋面应有防积雪危害的措施

建筑气候区划名称		热工区划名称	建筑气候区划主要指标	建筑基本要求
IV	IVA IVB	夏热冬暖地区	1月平均气温>10 ℃ 7月平均气温25～29 ℃	1. 建筑物必须满足夏季遮阳、通风、防热要求； 2. 建筑物应防暴雨、防潮、防洪、防雷电； 3. IVA区应防台风、暴雨袭击及盐雾侵蚀
V	VA VB	温和地区	1月平均气温0～13 ℃ 7月平均气温18～25 ℃	1. 建筑物应满足防雨和通风要求； 2. VA区建筑物应注意防寒，VB区建筑物应特别注意防雷电
VI	VIA VIB	严寒地区	1月平均气温−22～0 ℃ 7月平均气温<18 ℃	1. 建筑物应充分满足保温、防寒、防冻的要求； 2. VIA、VIB区应防冻土对建筑物地基及地下管道的影响，并应特别注意防风沙； 3. VIC区的东部，建筑物应防雷电
	VIC	寒冷地区		
VII	VIIA VIIB VIIC	严寒地区	1月平均气温−20～−5 ℃ 7月平均气温≥18 ℃ 7月平均相对湿度<50%	1. 建筑物必须充分满足保温、防寒、防冻的要求； 2. 除VIID区外，应防冻土对建筑物地基及地下管道的危害； 3. VIIB区建筑物应特别注意积雪的危害； 4. VIIC区建筑物应特别注意防风沙，夏季兼顾防热； 5. VIID区建筑物应注意夏季防热，吐鲁番盆地应特别注意隔热、降温
	VIID	寒冷地区		

注：摘自《民用建筑设计统一标准》（GB 50352—2019）。

1. 严寒地区

严寒地区指我国最冷月（1月）平均温度≤10 ℃或日平均温度≤5 ℃的天数大于等于145天的地区。该区域主要分布在我国的东北、内蒙古、新疆北部、西藏北部、青海等地区。严寒地区冬季严寒且持续时间长，夏季时间短且凉爽；西部偏干燥，东部偏湿润，一年中气温差异很大，冬季冰冻期长，冻土深，积雪厚，太阳辐射量大，日照丰富，冬季多大风。

2. 寒冷地区

寒冷地区指我国最冷月平均温度在−10 ℃至0 ℃之间，日平均温度≤5 ℃的天数在90～145天的地区。该区域主要分布在我国北京、天津、河北、山东、山西、宁夏、陕西北部、辽宁南部、甘肃中东部、新疆南部、河南北部、安徽北部、江苏北部以及西藏南部等地区。寒冷地区冬季较长且寒冷干燥，平原地区夏季较炎热湿润，高原地区夏季较凉爽，降水量相对集中；气温年较差较大，日照较丰富；春、秋两季短促，气温变化剧烈；春季雨雪稀少，多大风风沙天气，夏秋两季多冰雹和雷暴。

3. 夏热冬冷地区

夏热冬冷地区指我国最冷月（1月）平均温度在0 ℃至10 ℃之间，最热月（7月）平均温度在25 ℃至30 ℃之间，日平均温度≤5 ℃的天数在0～90天的地区，日平均温度≥25 ℃

的天数在 40～110 天的地区。该区域主要分布在我国长江中下游及其周围地区，主要有上海市、重庆市、湖北、湖南、江西、安徽、浙江、四川和贵州两省东部、江苏和河南两省南半部、福建省北半部、甘肃省南端、广东省和广西壮族自治区北端。夏热冬冷地区大部分地区夏季闷热，冬季湿冷；年降水量大；日照偏少；春末夏初为长江中下游地区梅雨期，多为阴雨天气，常有大雨和暴雨出现；沿海及长江中下游地区夏秋常受热带风暴和台风袭击，易有暴雨大风天气。

4. 夏热冬暖地区

夏热冬暖地区指我国最冷月平均气温大于 10 ℃，最热月平均气温在 25 ℃ 至 29 ℃ 之间，日平均温度≥25 ℃ 的天数在 100～200 天的地区。该区域分布在我国南部，主要有海南省、广东省大部、广西壮族自治区大部、福建省南部、云南省小部分、香港、澳门、台湾。夏热冬暖地区长夏无冬，温度高、湿气重，气温年较差和日较差均小；雨量充沛，多热带风暴和台风袭击，易有大风暴雨天气；太阳辐射强烈。

5. 温和地区

温和地区指我国最冷月平均温度在 0 ℃ 至 13 ℃ 之间，最热月平均温度在 18 ℃ 至 25 ℃ 之间，日平均温度≤5 ℃ 的天数在 0～90 天的地区，该区域主要分布在云南和贵州两省。温和地区立体气候特征明显，大部分地区冬天温暖、夏天凉爽，干湿季分明；常年有雷暴、多雾，气温的年较差偏小，日较差偏大，日照较少，太阳辐射强烈。

5.2　现行标准对墙体保温、隔热的要求

近年来，我国对建筑节能、环境保护、改善居住条件等制定了一系列的技术法规和标准规范。《民用建筑热工设计规范》(GB 50176—2016)、《民用建筑设计统一标准》(GB 50352—2019)对室内环境、围护结构的保温、隔热的最低要求做出了规定，有关墙体保温、隔热的内容主要体现在以下五个方面：

（1）严寒、寒冷地区建筑设计必须满足冬季保温要求，夏热冬冷地区、部分温和地区建筑设计应满足冬季保温要求。

（2）夏热冬暖和夏热冬冷地区建筑设计必须满足夏季防热要求，建筑外墙外表面宜采用浅色饰面材料。

（3）选择传热阻符合要求的外墙材料。传热阻即外墙阻止热流传播的能力，热阻值越大，则保温能力越强。提高墙体热阻值可采用轻质高效保温材料与砖、混凝土、钢筋混凝土、砌块等主墙体材料组成复合保温墙体构造，或采用热阻值大的新型墙体材料，或采用带有封闭空气间层的复合墙体构造等措施。

（4）防止在墙体表面和内部产生凝结水。墙体表面产生凝结水现象是由于水蒸气渗透遇冷而产生的，随着凝结水渗入墙体，材料遇水后，导热系数增大，保温能力会大大降低。为避免产生凝结水，一般采取控制室内相对湿度、采取保温措施和设置隔汽层的做法。

（5）外窗、玻璃幕墙等透光部分是外墙保温、隔热的薄弱部位，应控制这部分的面积不宜过大，并采取相应措施降低透光部分的传热系数值、提高透光部分的遮阳系数、

减少周边缝隙的长度等。

5.3 外墙保温构造

为了满足建筑保温的要求，建筑外墙应从构造方面入手，选择合适的保温方案。墙体保温可采用"低导热系数的新型材料墙体""复合保温材料的墙体"等构造做法。

低导热系数的新型材料墙体指采用陶粒混凝土、加气混凝土等材料制作的墙体，具有轻质高强、导热系数低、保温性能好的特点。

复合保温材料的墙体指选用强度高的材料和导热系数小的轻质材料进行组合，同时满足墙体承重和保温的要求。复合保温材料的墙体有内保温、夹心保温和外保温三种做法。

5.3.1 内保温墙体

内保温墙体是将保温层做在外墙内侧的一种做法。这种做法施工简单、造价较低，在夏热冬冷、夏热冬暖地区可以选用。选用这种做法时应注意对热桥部位的保温处理，避免过多的热量流失和产生结露、发霉现象。另外，内保温做法占用较多的室内使用面积，尤其是室内进行二次装修时，容易损坏保温层，影响保温效果。对于一些有间歇采暖要求的房间（如电影院），采用内保温对快速取暖有利。以下是几种外墙内保温的构造做法：

1. 抹保温砂浆

抹保温砂浆是指在钢筋混凝土墙或砌体墙内侧抹适当厚度的保温砂浆。保温砂浆是以无机轻骨料（憎水型膨胀珍珠岩、膨胀蛭石、陶砂等）或聚苯颗粒为保温骨料，与无机、有机胶凝材料并掺加一定功能的添加剂制成的建筑砂浆。

保温砂浆内保温墙体的构造层次（由外至内）为：基层墙体（钢筋混凝土墙或砌体墙）、界面层（界面砂浆）、保温层（保温砂浆）、抹面层（抹面胶浆＋耐碱玻璃纤维网布）、饰面层（涂料、墙纸、面砖或软瓷），见图 5-3-1。

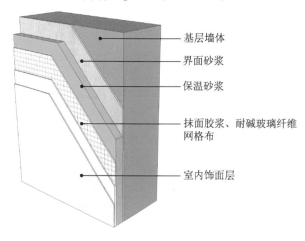

图 5-3-1 抹保温砂浆内保温墙体构造三维示意图

2. 粘贴复合板

复合板是用保温层单面复合面板材料，在工厂预制成型的板材。保温层有模塑聚苯乙烯泡沫塑料（EPS）、挤塑聚苯乙烯泡沫塑料（XPS）、硬泡聚氨酯（PU）等，面板有纸面石膏板、无石棉纤维水泥平板、无石棉硅酸钙板。

粘贴复合板内保温墙体的构造层次（由外至内）为：基层墙体（钢筋混凝土墙或砌体墙）、黏结层（胶黏剂＋锚栓）、复合板、饰面层（腻子层＋涂料、墙纸或面砖），见图5-3-2。

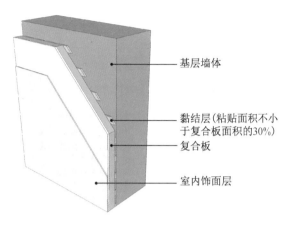

- 基层墙体
- 黏结层（粘贴面积不小于复合板面积的30%）
- 复合板
- 室内饰面层

图5-3-2　粘贴复合板内保温墙体构造三维示意图

3. 粘贴保温板

保温板可分为有机保温板和无机保温板两种。有机保温板有模塑聚苯乙烯泡沫塑料（EPS）、挤塑聚苯乙烯泡沫塑料（XPS）、硬泡聚氨酯（PU），无机保温板是由无机轻骨料或发泡水泥、泡沫玻璃制作的板材。

粘贴保温板内保温墙体的构造层次（由外至内）为：基层墙体（钢筋混凝土墙或砌体墙）、黏结层（胶黏剂，有机保温板粘贴面积不小于30％、无机保温板粘贴面积不小于40％）、保温板、抹面层（抹面胶浆＋耐碱玻璃纤维网布）、饰面层（腻子层＋涂料、墙纸或面砖），见图5-3-3。

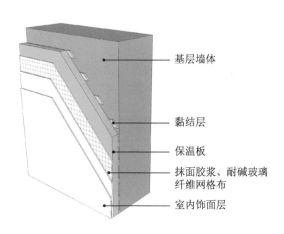

- 基层墙体
- 黏结层
- 保温板
- 抹面胶浆、耐碱玻璃纤维网格布
- 室内饰面层

图5-3-3　粘贴保温板内保温墙体构造三维示意图

4. 喷涂硬泡聚氨酯

喷涂硬泡聚氨酯(PU)是指用聚氨酯喷涂机将硬泡聚氨酯均匀地喷涂于墙面之上的保温层做法。

喷涂硬泡聚氨酯内保温墙体的构造层次(由外至内)为：基层墙体(钢筋混凝土墙或砌体墙)、界面层(聚氨酯防潮底漆)、保温层(喷涂硬泡聚氨酯)、界面层(专用界面砂浆或界面剂)、找平层(保温砂浆或聚合物水泥砂浆)、抹面层(抹面胶浆复合涂塑中碱玻璃纤维网布)、饰面层(腻子层＋涂料、墙纸或面砖)，见图 5-3-4。

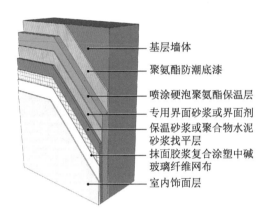

基层墙体

聚氨酯防潮底漆

喷涂硬泡聚氨酯保温层

专用界面砂浆或界面剂

保温砂浆或聚合物水泥砂浆找平层

抹面胶浆复合涂塑中碱玻璃纤维网布

室内饰面层

图 5-3-4　喷涂硬泡聚氨酯内保温墙体构造三维示意图

5. 龙骨内填型

保温层是玻璃棉板(毡)、岩棉板(毡)、喷涂硬泡聚氨酯，面板为纸面石膏板、无石棉硅酸钙板或无石棉纤维水泥平板。保温层嵌入轻钢龙骨的空档中，面板由龙骨固定于基层墙体上，再做饰面层。

龙骨内填型内保温墙体的构造层次(由外至内)为：基层墙体(钢筋混凝土墙或砌体墙)、保温层、隔汽层(PVC、聚丙烯薄膜、铝箔等，喷涂硬泡聚氨酯不设隔汽层)、轻钢龙骨、龙骨固定件(敲击式或回拧式塑料螺栓)、面板(由自攻螺钉固定)、饰面层(腻子层＋涂料、墙纸或面砖)，见图 5-3-5。

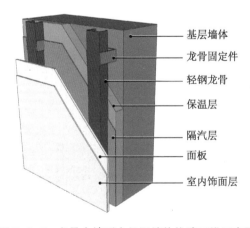

基层墙体

龙骨固定件

轻钢龙骨

保温层

隔汽层

面板

室内饰面层

图 5-3-5　龙骨内填型内保温墙体构造三维示意图

5.3.2 外保温墙体

外保温墙体是将保温层做在外墙外侧的一种做法。这种做法有较多优势：它可以避免产生热桥和墙体内部发生冷凝现象，不仅冬季保温性能良好，而且夏季隔热性能优良；由于保温层在外墙外侧，它不占用室内使用面积，且有利于保护主体结构，减少温度变化对结构的破坏作用，延长结构使用寿命。外墙外保温做法较复杂，应注意保温层外部防水、罩面处理，确保墙体的可靠性和耐久性。以下是几种外墙外保温的构造做法：

1. 粘贴保温板

粘贴保温板是指将保温板粘贴于外墙外侧的墙体保温做法，保温板沿水平方向粘贴，板间的竖缝应逐行错缝粘贴。保温板有模塑聚苯板、挤塑聚苯板、硬泡聚氨酯板。

粘贴保温板外保温墙体的构造层次（由内至外）为：基层墙体（钢筋混凝土墙或砌体墙）、黏结层（胶黏剂，涂料饰面时粘贴面积不小于保温板面积的40%，面砖饰面时粘贴面积不小于保温板面积的50%）、保温板、抹面层（抹面胶浆＋耐碱玻纤网格布，面砖饰面时为抗裂砂浆＋热镀锌金属网）、饰面层（涂料、面砖），见图5-3-6。

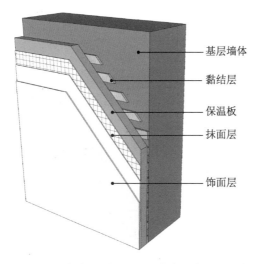

基层墙体

黏结层

保温板

抹面层

饰面层

图5-3-6 粘贴保温板外保温墙体构造三维示意图

2. 抹保温浆料

保温层材料为胶粉聚苯颗粒保温浆料，经现场拌合均匀后抹在基层墙体上，抹面层材料为抹面胶浆，抹面胶浆中满铺玻纤网。胶粉聚苯颗粒保温浆料保温层厚度不宜超过100 mm；宜分遍抹灰，每遍间隔时间应在24 h以上，每遍抹灰厚度不宜超过20 mm。

胶粉聚苯颗粒保温浆料外保温墙体的构造层次（由内至外）为：基层墙体（钢筋混凝土墙或砌体墙）、界面层（界面砂浆）、保温层（胶粉聚苯颗粒保温浆料）、抹面层（抹面胶浆＋耐碱玻纤网格布，面砖饰面时为抗裂砂浆＋热镀锌金属网）、饰面层（涂料、面砖），见图5-3-7。

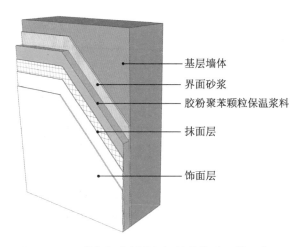

基层墙体

界面砂浆

胶粉聚苯颗粒保温浆料

抹面层

饰面层

图 5-3-7 抹保温浆料外保温墙体构造三维示意图

3. EPS 板现浇混凝土

基层墙体为现浇混凝土墙体时，将 EPS 板（模塑聚苯板）作为保温层，EPS 板内表面（与现浇混凝土接触的表面）开有（矩形）齿槽，内外表面均满涂界面砂浆。施工时将 EPS 板置于外模板内侧，并安装辅助固定件。浇筑混凝土后，墙体与 EPS 板以及锚栓结合为一体。

EPS 板现浇混凝土外保温墙体的构造层次（由内至外）为：基层墙体（现浇钢筋混凝土墙）、保温层（双面经界面砂浆处理的竖向凹槽 EPS 板）、过渡层（可根据需要设置，胶粉聚苯颗粒保温浆料厚度不小于 10 mm）、抹面层（涂料饰面为抹面胶浆＋耐碱玻璃纤维网布，面砖饰面为抗裂砂浆＋热镀锌金属网）、饰面层（涂料、面砖），见图 5-3-8。

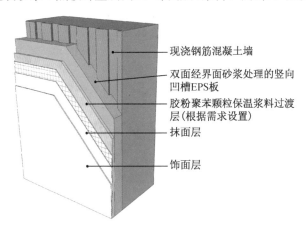

现浇钢筋混凝土墙

双面经界面砂浆处理的竖向凹槽EPS板

胶粉聚苯颗粒保温浆料过渡层（根据需求设置）

抹面层

饰面层

图 5-3-8 EPS 板现浇混凝土外保温墙体构造三维示意图

4. EPS 钢丝网架板现浇混凝土

基层墙体为现浇混凝土墙体时，将 EPS 钢丝网架板作为保温层，钢丝网架板中的 EPS 板外侧开有凹凸槽。施工时将钢丝网架板置于外墙外模板内侧，并在 EPS 板上安装辅助固定件。浇筑混凝土后，钢丝网架板腹丝和辅助固定件与混凝土结合为一体。

EPS 钢丝网架板现浇混凝土外保温墙体的构造层次（由内至外）为：基层墙体（现浇

钢筋混凝土墙）、保温层（双面经界面砂浆处理的 EPS 钢丝网架板）、过渡层（掺外加剂的水泥砂浆厚抹或胶粉聚苯颗粒保温浆料厚度不小于 20 mm）、抹面层（涂料饰面为抹面胶浆＋耐碱玻璃纤维网布，面砖饰面为抗裂砂浆＋热镀锌金属网）、饰面层（涂料、面砖），见图 5-3-9。

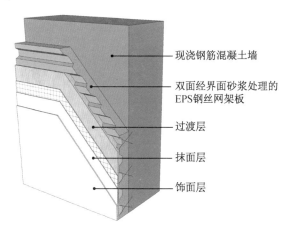

现浇钢筋混凝土墙

双面经界面砂浆处理的
EPS钢丝网架板

过渡层

抹面层

饰面层

图 5-3-9　EPS 钢丝网架板现浇混凝土外保温墙体构造三维示意图

5. 贴砌保温板

保温层为 EPS 或 XPS 板（模塑聚苯板或挤塑聚苯板），用胶粉聚苯颗粒将保温板贴砌在基层墙体上，抹面层中满铺玻纤网，饰面层为涂料。贴砌用单块保温板面积不宜大于 0.3 m²，保温板与基层的粘贴面上宜开设凹槽。

贴砌保温板外保温墙体的构造层次（由内至外）为：基层墙体（钢筋混凝土墙或砌体墙）、界面层（界面砂浆）、黏结层（15 mm 厚胶粉聚苯颗粒贴砌浆料）、保温层（EPS 或 XPS 板）、找平层（10 mm 厚胶粉聚苯颗粒贴砌浆料）、抹面层（抹面胶浆＋耐碱玻璃纤维网布）、饰面层（涂料），见图 5-3-10。

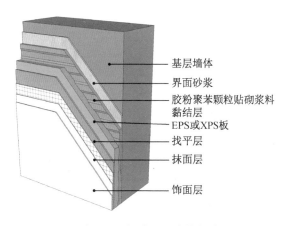

基层墙体

界面砂浆

胶粉聚苯颗粒贴砌浆料
黏结层

EPS或XPS板

找平层

抹面层

饰面层

图 5-3-10　贴砌保温板外保温墙体构造三维示意图

6. 现场喷涂硬泡聚氨酯

保温层为现场喷涂硬泡聚氨酯，喷涂时环境温度宜为 10～30 ℃，每遍厚度不宜大于 15 mm。喷涂过程中应保证保温层表面平整度,喷涂硬泡聚氨酯及其抹面层宜每一楼层设置水平分隔缝;横向间距宜不大于 10 m 设置垂直分隔缝。

现场喷涂硬泡聚氨酯外保温墙体的构造层次(由内至外)为:基层墙体(钢筋混凝土墙或砌体墙)、界面层(聚氨酯界面剂)、保温层(喷涂硬泡聚氨酯)、找平层(20 mm 厚胶粉聚苯颗粒浆料)、抹面层(抹面胶浆+耐碱玻纤网格布)、饰面层(涂料),见图 5-3-11。

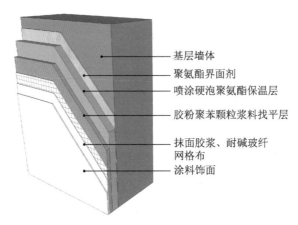

基层墙体
聚氨酯界面剂
喷涂硬泡聚氨酯保温层
胶粉聚苯颗粒浆料找平层
抹面胶浆、耐碱玻纤网格布
涂料饰面

图 5-3-11 现场喷涂硬泡聚氨酯墙体构造三维示意图

5.3.3 夹心保温墙体

夹心保温墙体是把保温材料放在墙体中间,墙体分为内叶墙和外叶墙两部分,内叶墙为承重构件,外叶墙较薄,这种做法对保温材料的保护较为有利,但由于保温材料把墙体分为内外两层,因此在内叶墙、外叶墙之间必须采取可靠的拉结措施。常见的夹心保温墙体有普通混凝土小型空心砌块夹心墙和烧结多孔砖夹心墙两种,保温隔热材料主要采用模塑聚苯板(EPS)、挤塑聚苯板(XPS)、氮尿素现场发泡等高效保温材料,夹心墙的保温层厚度不应大于 100 mm。

1. 普通混凝土小型空心砌块夹心墙

内叶墙为 190 mm 厚砌块,外叶墙为 90 mm 厚砌块,保温层采用氮尿素现场发泡时,不设 20 mm 厚空气层,见图 5-3-12。

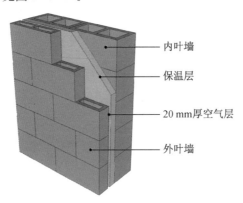

内叶墙
保温层
20 mm 厚空气层
外叶墙

图 5-3-12 普通混凝土小型空心砌块夹心墙构造三维示意图

2. 烧结多孔砖夹心墙

内叶墙为 190 mm 或 240 mm 厚多孔砖，外叶墙为 90 mm 或 115 mm 厚多孔砖，保温层采用氮尿素现场发泡时，不设 20 mm 厚空气层，见图 5-3-13。

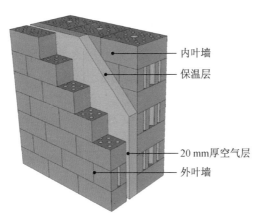

内叶墙
保温层
20 mm厚空气层
外叶墙

图 5-3-13　烧结多孔砖夹心墙构造三维示意图

5.4　墙体隔蒸汽渗透措施

冬季，为了避免室内热量散失，常紧闭门窗，生活用水及人的呼吸使室内湿度增高，形成高温高湿的室内环境，温度越高，空气中所含的水蒸气越多。当室内热空气传至外墙时，墙体内的温度较低，水蒸气在墙体中遇冷形成凝结水，材料遇水后导热系数增大，保温能力会大大降低。为避免墙体内产生凝结水，一般采取控制室内相对湿度、提高墙体热阻和设置隔汽层的措施。

隔汽层应设置于水蒸气渗入的一侧，即保温层的靠高温一侧。隔汽层一般可采用卷材、防水涂料或薄膜等材料，见图 5-4-1。

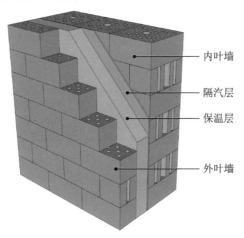

内叶墙
隔汽层
保温层
外叶墙

图 5-4-1　设置隔汽层的夹心墙体构造三维示意图

5.5 外墙隔热构造

我国夏热冬暖和夏热冬冷地区，夏季炎热时间长，太阳辐射强烈，因此这些地区建筑设计必须满足夏季防热要求。建筑物防热应综合采取有利于夏季防热的建筑布局和形体设计、自然通风、建筑遮阳、围护结构隔热和散热、环境绿化等措施。建筑外墙隔热与散热的措施主要有：

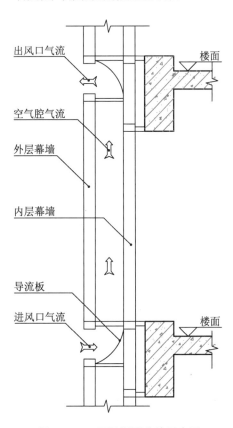

图 5-5-1 双层通风幕墙示意图

（图中标注：出风口气流、楼面、空气腔气流、外层幕墙、内层幕墙、导流板、进风口气流、楼面）

1. 建筑外墙采用浅色饰面材料

浅色饰面材料能反射太阳辐射，可以减少外墙对太阳辐射热的吸收率。研究实验表明，建筑外墙面的颜色对建筑的节能影响比较明显，在同样的太阳辐射环境下，深色表面比浅色表面温度高很多，最多可达 25 ℃。因此，只要改变外墙表面的颜色，即可取得较好的隔热效果。

2. 复合隔热外墙

复合隔热外墙是将隔热保温的新型材料与墙体主体结构进行组合使用，这样既可以减少室内温度受室外温度波动的影响，也有利于保护墙体主体结构。这种做法与外墙复合保温做法原理相同。

3. 通风墙

将外墙做成空心夹层墙，利用热压原理，将通风墙的进风口和出风口之间的距离加大，增加通风效果以利于降低墙体内表面温度。外墙加通风间层后，其内表面最高温度约可降低 1~2 ℃。而且日辐射照度越大，通风空气间层的隔热效果越显著，对东、西向墙更为明显，见图 5-5-1。

第六章

楼地面构造

6.1　楼地面概述

楼地面包括楼板层和地坪层，是建筑物主要的水平承重构件，在水平方向分隔房屋空间。楼板层分隔上下楼层空间，地坪层分隔大地与底层空间。楼板层与地坪层的作用相似，均是提供人们在水平层面上活动的场地，但由于所处位置与受力不同，其构造方式也有所区别。

楼板层把建筑物沿高度方向分成若干楼层，在水平荷载（风、地震）作用下，协调各竖向构件（柱、墙）的水平位移，增强建筑物的刚度和整体性，同时具有隔声、防火、热工、美观等性能。楼板层的结构层为楼板，楼板把所承受的上部荷载及自重传到墙、柱上，再由墙、柱传到基础，同时对墙、柱起着水平约束作用。地坪层是建筑物最底层与土壤交接处的水平构件，其结构层为垫层，垫层将所承受的地面上的荷载和自重均匀地、直接地传给地坪以下夯实的地基，同时具有防水、防潮、美观等性能。

6.2　楼板层的组成和类型

6.2.1　楼板层的设计要求

楼板层的设计应满足建筑的使用、结构、施工以及经济等多方面的要求。

1. 楼板层的结构设计要求

楼板应具有足够的承载力和刚度。足够的承载力指楼板能够承受使用荷载和自重而不损坏。使用荷载也称活荷载，因房间的使用性质不同而各异，包括人群、家具、设备等；自重也称静荷载，指楼板层材料的质量。在风或地震作用下，楼板应能有效地将水平力传递到结构的竖向构件（柱或剪力墙）上，使结构最大位移和层向位移角控制在规范的许可范围内。足够的刚度指楼板的变形应在规范许可的范围内，在人走动和设备运行等动力作用下不会发生显著振动，不影响人们的正常工作和舒适度，不产生影响耐久性的裂缝等。楼板允许的变形是用相对挠度来衡量的，即绝对挠度与跨度的比值。钢筋混凝土受弯构件的最大挠度应按荷载的准永久组合，预应力混凝土受弯构件的最大挠度应按荷载的标准组合，并均考虑荷载长期作用的影响进行计算，其计算值不应超过表 6-2-1 规定的挠度限值。

表 6-2-1 受弯构件的挠度限值

构件类型	挠度限值	
屋盖、楼盖及楼梯构件	当 $l_0 < 7$ m 时	$l_0/200$
	当 7 m $\leqslant l_0 \leqslant 9$ m 时	$l_0/250$
	当 $l_0 > 9$ m 时	$l_0/300$

注：1. 本表中数据引自《混凝土结构设计规范》(GB 50010—2010)。

2. 本表中 l_0 为构件的计算跨度。

2. 隔声要求

为了方便使用，楼板层应具有一定的隔声能力，避免噪声通过楼板传到上下层空间而产生干扰。不同使用性质的房间对隔声的要求不同，如住宅卧室允许噪声级为一级 40 dB、二级 45 dB、三级 50 dB；住宅的一级隔声标准为 65 dB、二级隔声标准为 75 dB 等。学校、医院、旅馆、办公、商业等建筑也对允许噪声级和隔声标准有严格的要求(见表 6-2-2 和表 6-2-3)。

表 6-2-2 室内允许噪声级

建筑类别	房间名称	允许噪声级(A 声级)/dB			
		高要求标准		低限标准	
		昼间	夜间	昼间	夜间
住宅建筑	卧室	≤40	≤30	≤45	≤33
	起居室(厅)	≤40		≤45	
学校建筑	语言教室、阅览室	≤35		≤40	
	普通教室、实验室、计算机教室	≤40		≤45	
	音乐教室、琴房	≤40		≤45	
	舞蹈教室	≤45		≤50	
医院建筑	病房、医护人员休息室	≤40	≤30	≤45	≤35
	各类重症监护室	≤40	≤35	≤45	≤35
	诊室	≤40		≤45	
	手术室、分娩室	≤40		≤45	
	洁净手术室	—		≤50	
	人工生殖中心净化区	—		≤40	

建筑类别	房间名称	允许噪声级(A 声级)/dB			
		高要求标准		低限标准	
		昼间	夜间	昼间	夜间
医院建筑	听力测听室	—		≤25	
	化验室、分析实验室	—		≤40	
	入口大厅、候诊厅	≤50		≤55	
旅馆建筑	客房	≤35	≤30	≤40	≤35
	办公室、会议室	≤35		≤40	
	多用途厅	≤40		≤45	
	餐厅、宴会厅	≤40		≤45	
	游泳池、健身会所	≤40		≤45	
办公建筑	单人办公室	≤35		≤40	
	多人办公室	≤40		≤45	
	远程会议室	≤35		≤40	
	普通会议室	≤40		≤45	
商业建筑	商场、商店、购物中心、会展中心	≤50		≤55	
	餐厅	≤45		≤55	
	员工休息室	≤40		≤45	
	走廊	≤50		≤60	

注：本表中数据引自《民用建筑隔声设计规范》(GB 50118—2010)。

表 6-2-3　楼板撞击声隔声标准

建筑类别	楼板部位	计权规范化撞击声压级/dB	计权标准化撞击声压级/dB
住宅建筑	卧室、起居室(厅)的分户楼板	<70	≤70
学校建筑	语言教室、阅览室与上层房间之间的楼板	<65	≤65
	普通教室、实验室、计算机房与上层产生噪声的房间之间的楼板	<60	≤60
	琴房、音乐教室之间的楼板	<65	≤65
	普通教室之间的楼板	<75	≤75
医院建筑	病房、手术室与上层房间之间的楼板	<75	≤75
	听力测听室与上层房间之间的楼板	<60	≤60
旅馆建筑	客房与上层房间之间的楼板	<65	≤65
办公建筑	办公室、会议室顶部的楼板	<75	≤75

（续表）

建筑类别	楼板部位	计权规范化 撞击声压级/dB	计权标准化 撞击声压级/dB
商业建筑	健身中心、娱乐场所等与噪声敏感房间之间的楼板	＜50	≤50

注：1. 本表中数据引自《民用建筑隔声设计规范》（GB 50118—2010）。

2. 本表中数据均为低限标准。

声音的传播主要有空气传声和固体传声两种。楼层隔声可采用隔绝空气或固体传声。隔绝空气传声可以采取使楼板密实，避免裂缝、孔洞，增设附加层等构造措施。由于声音在固体中传递时声能衰减很少，因此固体传声较空气传声的影响更大。因此，楼板层隔声主要是针对固体传声。隔绝固体传声，主要有以下三种措施（见图6-2-1）。

（1）用富有弹性的铺面材料，如地毯、橡皮、塑料、软木等作为面层，以吸收楼板的撞击声能，从而减弱楼板的振动。这种方法由于施工简单，运用较为广泛，优点是在起到较好隔声效果的同时还能起到美化装饰室内空间的作用。[见图6-2-1(a)]

（2）设置弹性垫层来减弱面层传来的固体声能。弹性垫层可采用片状、条状或块状材料，其上做面层形成浮筑式楼板。但是此方法施工复杂，因此采用得较少。[见图6-2-1(b)]

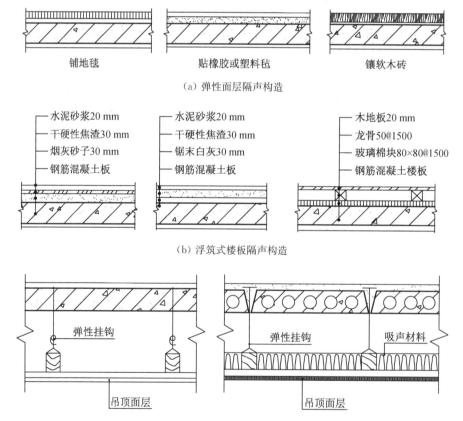

（a）弹性面层隔声构造

（b）浮筑式楼板隔声构造

（c）吊顶棚隔声构造

图6-2-1　楼板隔绝固体传声构造

（3）在楼板下设置吊顶棚（吊顶），使楼板与顶棚之间留有空气层，减弱撞击楼板产生的振动，吊顶与楼板采用弹性挂钩连接。还可在顶棚上铺设吸声材料，加强隔声效果。［见图 6-2-1（c）］

3. 防火要求

楼面材料应满足建筑防火规范的要求，根据建筑物的等级对应的防火要求进行设计，选择燃烧性能、耐火极限等符合要求的材料。例如，在三、四级耐火等级建筑的闷顶内采用可燃材料做绝热层时，屋顶不应采用冷摊瓦。

4. 热工要求

根据所处地区和建筑使用要求，楼面应采取相应的保温、隔热措施。例如，对于有一定温度、湿度要求的房间，常在楼板层中设置保温层，使楼面的温度与室内温度一致，以减少通过楼板的冷热损失。

5. 防水要求

一些房间，如厨房、盥洗室、浴室、实验室等用水较多，地面易潮湿、积水，应处理好楼板层的防渗漏问题，需满足防水要求。地面应选用密实不透水的材料，适当做排水坡并设置地漏。有水房间的地面还应设置防水层。

6. 敷设管道的要求

对于管道较多的公共建筑，楼面设计中应考虑到管道对建筑物层高的影响。例如，防火规范要求暗敷消防设施，应敷设在不燃烧的结构层内，使其能满足暗敷管线的要求。

7. 室内装饰要求

根据房间的使用功能和装饰要求的不同，楼板层的面层常选用不同的面层材料和相应的构造做法。常用的室内地面铺设材料有石材、地砖、水磨石、普通水泥、地板、地毯、塑胶地板等。常用的室内顶棚装饰材料有轻钢龙骨石膏板、矿棉吸声板、金属板（网）、木饰面板等。

8. 舒适度要求

现在设计中经常遇到跨度较大特别是钢结构楼板，如果楼板上的自振频率（亦称固有频率）与人们的活动频率接近，就会发生共振而使人感觉不舒服，因此，《混凝土结构设计规范》（GB 50010—2010）中提出应对大跨度混凝土楼盖结构进行竖向自振频率验算，其自振频率宜符合下列要求：

（1）住宅和公寓不宜低于 5 Hz；

（2）办公楼和旅馆不宜低于 4 Hz；

（3）大跨度公共建筑不宜低于 3 Hz；

（4）工业建筑及有特殊要求的建筑应根据使用功能提出要求。

9. 经济方面要求

楼板层造价约占建筑物总造价的 20％～30％，因此应注意结合建筑物的质量标准、使用功能以及施工技术条件等因素选择经济合理的结构形式和构造方案。

6.2.2　楼板层的组成

楼板层通常由面层、结构层和顶棚三部分组成，见图 6-2-2。

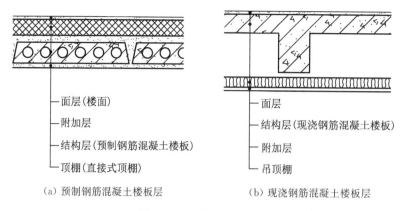

（a）预制钢筋混凝土楼板层 　　　　　　（b）现浇钢筋混凝土楼板层

图 6-2-2　楼板层的组成

1. 面层

面层是楼板层上面的铺筑层，也是室内空间下部的装修层，又称楼面或地面，起着保护楼板、承受并传递荷载的作用，同时对室内有很重要的清洁及装饰作用。地面铺设材料很多，可以根据房间使用功能的不同选用不同的面层。

2. 结构层

结构层位于面层和顶棚之间，是楼板层的承重构件，一般由楼板或楼板与梁组成。它的主要功能是承受整个楼层的荷载，并将其传至柱、墙及基础上，同时对墙身起水平支撑作用，增强房屋刚度和整体性。结构层也对隔声、防火起重要作用。

3. 顶棚

顶棚是楼板下部的装修层，根据其构造不同，有抹灰顶棚、粘贴类顶棚和吊顶棚三种。

除了面层、结构层和顶棚以外，楼板层还会根据需要设置结合层、附加层等。结合层是将地面的表面层与结构层牢固结合的部分，同时起找平作用，也可称为找平层。附加层通常是设置在面层和结构层之间，或结构层和顶棚之间，根据不同的要求而增设的层次，主要有保温隔热层、隔声层、防水层、防潮层、防静电层和管线敷设层等。

6.2.3　楼板层的类型

根据使用材料的不同，楼板可分为木楼板、钢筋混凝土楼板和钢衬板与混凝土组合楼板等几种类型，见图 6-2-3。

（a）木楼板　　　　　　（b）钢筋混凝土楼板　　　　　　（c）钢衬板与混凝土组合楼板

图 6-2-3　楼板的类型

1. 木楼板

该种楼板就是将木龙骨架在主梁或墙上，上铺钉木板形成的楼板。其优点是构造简单、自重轻、保温和抗震性能好、舒适有弹性等，缺点是耐火性和耐久性较差、易燃易腐蚀、易被虫蛀、消耗木材量大等。木材是自然生态资源，是一种十分重要的工业及民用原材料，目前除在产木区或有特殊要求的建筑外，此种楼板已很少采用。

2. 钢筋混凝土楼板

该种楼板是我国目前应用最广泛的楼板，它具有强度高、刚度大、耐火和耐久性能好等优点，具有良好的可塑性。楼板形式多样，便于工业化生产。根据钢筋混凝土楼板施工方法的不同，可分为现浇式、装配式和装配整体式三种。可根据建筑物的使用功能、楼面使用荷载的大小、平面规则性、楼板跨度、经济性及施工条件等因素来选择。

(1) 现浇钢筋混凝土楼板

现浇钢筋混凝土楼板是指在现场支模、绑扎钢筋、浇筑混凝土形成的楼板结构。这种楼板的优点是造型较灵活，能够适应各种不规则形状和需留孔洞等特殊要求的建筑，整体性好、利于抗震、防水等，适用于对整体性要求较高的形体复杂的建筑。缺点是模板材料的耗用量大，现场施工工序较复杂，后期还需要养护，较为耗时。

现浇钢筋混凝土楼板根据受力和传力情况不同，分为板式楼板、梁板式楼板、无梁楼板等。

① 板式楼板

直接搁在承重墙体上的楼板称为板式楼板，多用于开间较小的宿舍楼、办公楼及普通民用建筑中的厨房、卫生间、走廊等。有些房间由于功能的需要而不允许在中间设置梁柱(如门厅、接待厅)，为满足楼板刚度、抗烈度要求，常采用现浇预应力楼板。楼板包括四面支承的单向板、双向板，单面支承的悬挑板等。

单向板的平面长边与短边之比大于等于 3，受力以后，力传给长边为 1/8，短边为 7/8，故认为这种板受力以后仅向短边传递。现浇板的厚度应不大于跨度的 1/30 且不小于 60 mm。(见图 6-2-4)

双向板的平面长边与短边之比小于等于 2，受力后，力向两个方向传递，短边受力大，长边受力小。现浇板厚度的最小值应不大于跨度的 1/40 且不小于 80 mm。楼板的受力方式和传力见图 6-2-4。

悬挑板主要用于雨罩、阳台等部位。悬挑板只有一端支承，因而受力钢筋应摆在板的上部。板厚应按 1/12 挑出尺寸取值。挑出尺寸不大于 500 mm 时，取 60 mm；挑出尺寸大于 500 mm 时，取 80 mm。

② 梁板式楼板

跨度较大的房间，在楼板下设梁以减小楼板的跨度和厚度。板上的荷载由楼板传给梁，再由梁传给墙或柱，使楼板的受力与传力较为合理。梁板式楼板见图 6-2-5。

现浇梁包括单向梁(简支梁)、双向梁(主次梁)等类型。

单向梁梁高一般为跨度的 1/12～1/10，板厚包括在梁高之内，梁宽取梁高的 1/3～1/2，单向梁的经济跨度为 4～6 m。

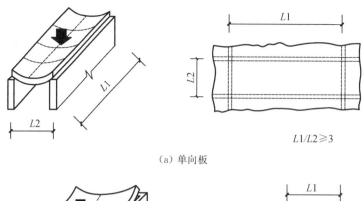

（a）单向板

$L1/L2\geqslant3$

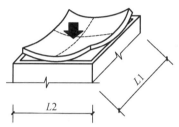

（b）双向板

$L1/L2\leqslant2$

注：$2<L1/L2<3$时，宜按双向板考虑

图 6-2-4　楼板的受力方式和传力

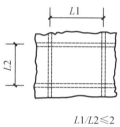

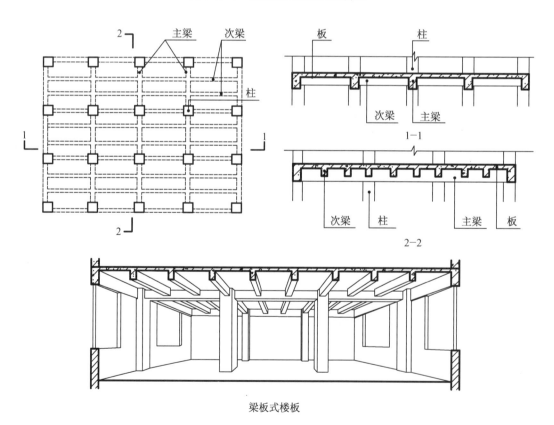

梁板式楼板

图 6-2-5　梁板式楼板

当房间尺寸更大时，梁板式楼板有时在纵横两个方向都设置梁，即双向梁，分为主梁和次梁。主次梁的布置应考虑建筑物的使用要求、房间的大小、隔墙的布置等。一般主梁沿房间短跨方向布置，次梁则垂直于主梁布置。其构造顺序为板支承在次梁上，次梁支承在主梁上，主梁支承在墙上或柱上。在进行梁、板布置时应遵循以下原则：

a. 承重构件，如柱、梁、墙等应有规律地布置，宜做到上下对齐，以利于结构直接传力，受力合理。

b. 板上不宜布置较大的集中荷载，自重较大的隔墙和设备宜布置在梁上，梁应避免支承在门窗洞口上。

c. 在满足功能的前提下，合理选择梁、板的经济跨度和截面尺寸。一般次梁的梁高为跨度的 $1/15\sim1/10$；主梁的梁高为跨度的 $1/12\sim1/8$，梁宽为梁高的 $1/3\sim1/2$。主梁的经济跨度为 $5\sim8$ m。主梁或次梁在墙或柱上的搭接尺寸应不小于 240 mm。梁高包括板厚。密肋板的厚度，次梁间距小于或等于 700 mm 时，取 40 mm；次梁间距大于 700 mm 时，取 50 mm。

③ 井式楼板

当房间的形状为正方形或接近正方形时，可采用双向井格形布置梁，这类楼板实际上也是肋梁楼板的一种。井式楼板两个方向的梁不分主次、高度相同、同位相交、呈井字形。梁与楼板平面的边线可正交也可斜交，两个方向的梁互相支承，可用于较大的无柱空间，其跨度可达 $20\sim30$ m，梁的间距一般为 3 m 左右。楼板底部的井格整齐美观，有较好的装饰效果，常用在门厅、大厅、会议室、餐厅、小型礼堂等处。井字形楼板见图 6-2-6。

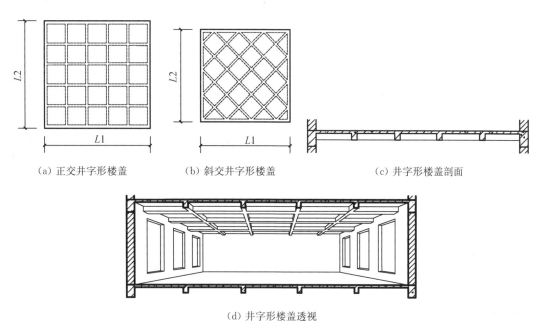

（a）正交井字形楼盖　　　　（b）斜交井字形楼盖　　　　（c）井字形楼盖剖面

（d）井字形楼盖透视

图 6-2-6　井字形楼板

④ 密肋楼板

密肋楼板具有施工速度快、自重轻等优点,一般用于梁高受限的楼板中,分为双向密肋楼板和单向密肋楼板两类。

双向密肋楼板与井字形楼板一样,要求房间接近方形,长短边之比不大于1.5。一般肋距(梁距)为 600 mm×600 mm~1 000 mm×1 000 mm,肋高为180~500 mm,楼板的适用跨度为6~18 m,其肋高一般为跨度的1/30~1/20。双向密肋楼板形式见图6-2-7(a),模壳排列见图6-2-7(b)。

单向密肋楼板适用于8~12 m左右跨度的结构,一般肋距为500~700 mm,肋高为跨度的1/20~1/18。密肋楼板的板厚为40~50 mm。现浇单向密肋楼板见图6-2-7(c)。

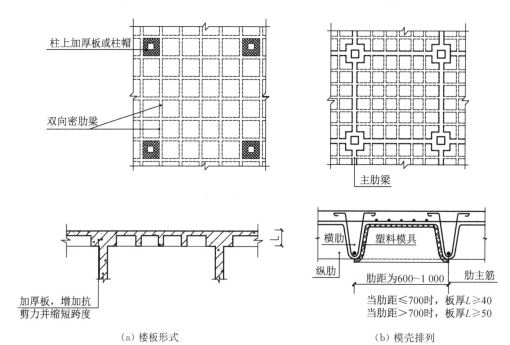

(a) 楼板形式

(b) 模壳排列

(c) 现浇单向密肋楼板

图 6-2-7 密肋楼板

⑤ 无梁楼板

在一些商店、书店、仓库、车库等荷载大、空间大、层高受限制的建筑中，常采用无梁楼板。无梁楼板不设梁，是一种双向受力的板柱结构(图 6-2-8)。等厚的平板直接支承在柱上，楼板的四周支承在边梁上，边梁支承在墙上或边柱上。板柱结构分为有柱帽和无柱帽两种。柱帽有锥形、圆形和折线形等。当荷载较大时，为避免楼板太厚，应采用有柱帽板柱结构。无梁楼板采用的柱网通常为正方形或接近正方形，间距为 6 m 左右较为经济，板厚不小于 150 mm，一般取柱网短边尺寸的 1/30～1/25。无梁楼板抗侧刚度较差，当层数较多或有抗震要求时，应改用板柱剪力墙体系。

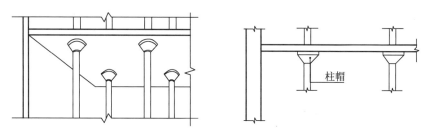

图 6-2-8 无梁楼板

⑥ 现浇钢筋混凝土空心楼板

一些建筑因功能需要，在一些较大空间内不允许设次梁，以增加房间净高，所以在这个空间内设置一整块现浇楼板。现浇钢筋混凝土空心楼板是用轻质材料以一定规则排列并代替实心楼板中部分混凝土而形成的空腔或轻质夹心，使之形成空腔与暗肋，形成空间蜂窝状受力结构。其能减轻楼板自重，同时又保持了楼板的大部分刚度与强度(图 6-2-9)。

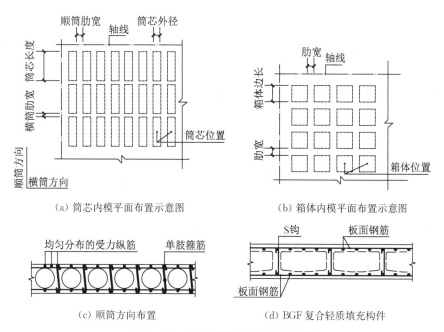

(a) 筒芯内模平面布置示意图　　　　(b) 箱体内模平面布置示意图

(c) 顺筒方向布置　　　　(d) BGF 复合轻质填充构件

图 6-2-9 现浇钢筋混凝土空心楼板

板内填充体可采用空心的筒芯、箱体，也可采用轻质实心的筒体、块体；材料可采用铁制、塑料制、高分子聚合材料(塑料泡沫)、胶凝材料加特种纤维制作(BBF 薄壁管、BDF 薄壁箱体、GBF 高强薄壁管)。

该楼板体系不仅适用于大跨度、大荷载、大空间的多层和高层建筑，如商业楼、办公楼、图书馆、展览馆、教学楼、车站、多层停车场等大中型公共建筑和工业厂房、仓库等，还适用于需灵活间隔或经常改变使用用途的建筑，如宾馆、娱乐场所、公寓等。

(2) 预制装配式钢筋混凝土楼板

预制装配式钢筋混凝土楼板是将楼板分成若干构件，在工厂或预制场预先制作好，然后在施工现场进行安装。这种方式能够缩短现场施工工期，节省材料，保证质量，减少环境污染。目前，在我国各城市普遍采用预应力钢筋混凝土构件，少量地区采用普通钢筋混凝土构件。预制楼板要求建筑平面形状尽量规则，尺寸符合建筑模数要求。板长应与房屋的开间或进深一致，长度一般为 300 mm 的倍数(即"三模制")，板宽根据制作、吊装和运输条件以及有利于板的排列组合确定，一般为 100 mm 的倍数。

常用的预制装配式钢筋混凝土楼板，根据其截面形式可分为平板、空心板和槽形板三种类型，见图 6-2-10。

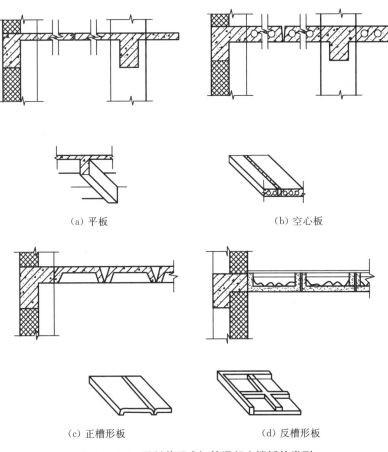

(a) 平板　　　　　　　　　　(b) 空心板

(c) 正槽形板　　　　　　　　(d) 反槽形板

图 6-2-10　预制装配式钢筋混凝土楼板的类型

① 平板

实心平板一般用于小跨度(1 500 mm 左右),板的厚度为 60 mm。平板板面上下平整,制作简单,但由于使用跨度局限,且自重较大,隔声效果差,应用较少,一般仅用于走道板、卫生间楼板、阳台板、雨棚板、管沟盖板等处。

② 空心板

将预制板抽孔做成空心板,板面上下平整,隔声效果较好。空心板分为方孔和圆孔两种。方孔较为经济,但抽孔困难;圆孔的板刚度较好,制作也较为方便,使用较广泛。根据板的宽度,孔数有单孔、双孔、三孔和多孔。

③ 槽形板

板的跨度尺寸较大时,为了减轻板的自重,提高板的刚度可将板做成由肋和板构成的槽形板。槽形板减轻了板的自重,节省材料,便于在板上开洞,但隔声效果差。槽形板又分为槽口向上的正槽形和槽口向下的反槽形。正槽形板即肋朝下,板底不平整,常用作厨房、卫生间、库房等楼板。反槽形板即肋朝上,板底平整,需在板上进行构造处理使其平整,槽内可填轻质材料起保温、隔声作用。当对楼板有保温、隔声要求时,可考虑采用反槽形板。

(3) 装配整体式钢筋混凝土楼板

装配整体式楼板是先以预制楼板做底模,然后在上面灌注现浇层,形成装配整体式楼板。它兼具现浇式楼板的整体性好和装配式楼板的施工简单、工期较短、省模板的优点,缺点是板总体偏厚、偏重。

① 叠合式楼板

预制薄板与现浇混凝土面层叠合而成的装配整体式楼板称为叠合式楼板(图 6-2-11)。该楼板相对于装配式钢筋混凝土楼板整体性更好,相对于现浇钢筋混凝土楼板更加节省模板且施工速度较快。叠合式楼板的预制钢筋混凝土薄板既是永久性模板,承受施工荷载,也是整个楼板结构的一个组成部分。钢筋混凝土薄板内配以高强钢丝做预应力筋,同时也是楼板的受力钢筋,板面叠合层内需配置支座负弯矩钢筋。所有楼板层中的管线均事先埋在现浇叠合层内。叠合式楼板的特点是底面平整,顶棚可直接喷浆或粘贴装饰壁纸。此楼板多应用于住宅、宾馆、学校、办公楼、医院以及仓库等建筑。

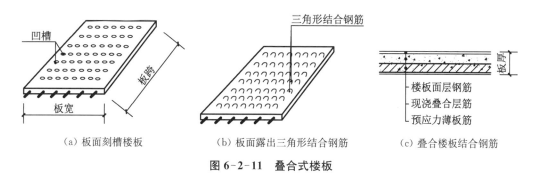

(a) 板面刻槽楼板 　　 (b) 板面露出三角形结合钢筋 　　 (c) 叠合楼板结合钢筋

图 6-2-11　叠合式楼板

叠合式楼板跨度一般为 3～6 m,最大可达 9 m,5 m 左右较为经济。预应力薄板厚度通常为 50～70 mm，板宽 1.1～1.8 m，板间应留缝 10～20 mm。为了加强预制薄板与叠合层的连接，薄板上表面需做处理。一是在薄板上表面做刻槽处理，凹槽间距为 150 mm；二是在薄板上表面预留三角形的结合钢筋。现浇层厚度一般为 50～100 mm。叠合式楼板的总厚度取决于板的跨度，一般为 120～180 mm。

　　② 预制混凝土空心板整浇层楼板

　　预应力混凝土空心楼板铺设后，浇捣不小于 50 mm 厚的钢筋混凝土整浇层，混凝土现浇层应与板缝同时浇筑，现浇层内不允许埋设直径大于 25 mm 的管线。预制混凝土空心板整浇层楼板见图 6-2-12。这种楼板平面刚度大、整体性好，能够弥补装配式楼板沿纵向板缝容易开裂的缺点。

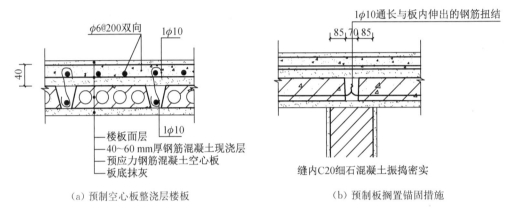

(a) 预制空心板整浇层楼板　　　　(b) 预制板搁置锚固措施

图 6-2-12　预制混凝土空心板整浇层楼板

3. 钢衬板与混凝土组合楼板

　　钢衬板与混凝土组合楼板是利用压型钢板作为衬板与现浇混凝土组合而成的楼板，主要由楼面层、压型钢板和钢梁三部分构成。压型钢板形式多样，还可根据需要设吊顶棚(图 6-2-13)。组合楼板是由混凝土和钢板共同受力，即混凝土承受剪应力与压应力，压型钢板承受拉应力。利用压型钢板肋间的空隙还可敷设室内电力管线，亦可在钢衬板底部焊接架设悬吊管道、通风管道和吊顶棚的支托。

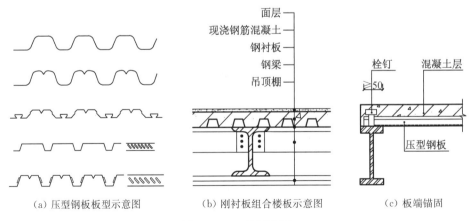

(a) 压型钢板板型示意图　　(b) 刚衬板组合楼板示意图　　(c) 板端锚固

图 6-2-13　压型钢板

组合楼板的构造根据压型钢板形式分为单层板组合楼板和双层板组合楼板两种。单层板组合楼板采用上宽下窄的压型钢板，使钢板和混凝土牢固结合。组合楼板的形式见图 6-2-14。双层钢板组合楼板构造可以是压型钢板与平钢板组成的孔格式组合楼板，在较高的压型钢衬板中，可形成较宽的空腔，它具有较大的承载力，腔内可放置设备管线；还可以是双层压型钢板组成的孔格式组合楼板，腔内甚至可直接用作空调管道，用于承载力更大的楼板结构中，其板跨可达 6 m 或更大。

（a）上宽下窄的压型钢板

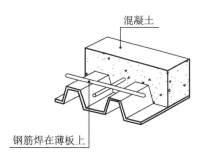

（b）构造钢筋焊接在薄板上

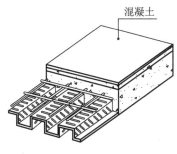

（c）压型钢板上加肋条或压出凹槽

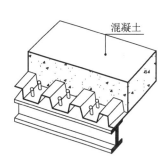

（d）钢梁上焊有抗剪栓钉

图 6-2-14　组合楼板的形式

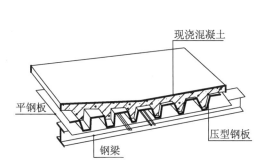

（a）压型钢板与平钢板组成的孔格式组合楼板

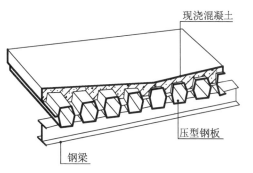

（b）双层压型钢板组成的孔格式组合楼板

图 6-2-15　孔格式钢衬板组合楼板

钢衬板与混凝土组合楼板充分利用了材料性能，简化了施工程序，刚度和强度较高，自重较轻，整体性和耐久性都较强。其缺点是耐火性和耐锈蚀性不如钢筋混凝土楼板，且用钢量较多，造价高。目前普通民用建筑中应用较少，高层建筑和标准厂房中应用较多。

6.3 地坪构造

地坪层是建筑物底层与土壤相接的构件，和楼板层一样，它承受着底层地面上的荷载，并将荷载均匀地传给地基。地坪层由面层、垫层和地基构成。根据需要还可以在面层和垫层间增设各种附加构造层，如找平层、结合层、防潮层等，见图6-3-1。

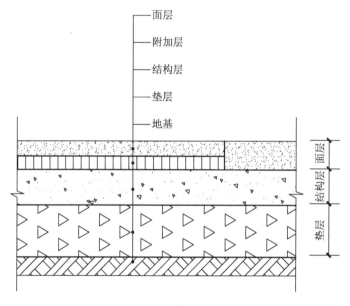

图6-3-1 地坪构造组成

6.3.1 地基

地基是地坪的基层，也称素土夯实层，是承受底层底面荷载的土层。素土是不含杂质的砂质黏土，经分层夯实后，才能承受垫层传下来的地面荷载。

6.3.2 垫层

垫层是在建筑地基上设置承受并传递上部荷载的构造层。垫层材料的选择取决于地面的主要荷载。当上部荷载较大且结构层为现浇混凝土时，垫层多采用碎砖或碎石；当荷载较小时也可用灰土或三合土等做垫层。地坪垫层应铺设在均匀密实的地基上。针对不同的土体情况和使用条件采用不同的处理办法。

6.3.3 附加构造层

1. 结合层：面层与下面构造层之间的连接层。

2. 找平层：在垫层、楼板或填充层上起抹平作用的构造。

3. 隔离层：防止建筑地面上各种液体或水、潮气透过地面的构造层。

4. 防潮层：防止地下潮气透过地面的构造层。

5. 填充层：建筑地面中设置起隔声、保温、找坡或暗敷管线等作用的构造层。

6.3.4　面层

面层是建筑地面直接承受各种物理和化学作用的表面层，地坪的面层也称地面。面层的作用是保护垫层，美化室内，应坚固耐磨、表面平整、光洁、易清洁、不起尘。根据使用要求和装修要求不同，有各种不同的面层和相应做法。

6.4　地面构造

6.4.1　地面设计要求

地面包括楼板层和地坪的面层，是人们日常生活、工作和生产时直接接触的部分，属于建筑装修的一部分。地面也是建筑中直接承受荷载，经常受到摩擦、清扫和冲洗的部分。各类建筑对地面的要求也不尽相同，概括起来，一般应满足以下几个方面的要求：

1. 满足强度要求

地面直接与人接触，家具、设备等也大多都摆放在地面上，因此要求地面在各种外力作用下不易磨损破坏，且要求表面平整、光洁、易清洁，行走时不起尘土、不起砂，有足够高的强度。

2. 满足保温性要求

地面直接与人接触，会吸走人体的热量，因此地面材料应选择导热系数小的，或在地面上铺设辅助材料，用以减小地面的吸热，给人以温暖舒适的感觉，冬季时走在上面不至于感到寒冷。

3. 满足隔声要求

楼层上下的噪声传播，一般通过空气传播或固体传播，阻断固体传播噪声是主要的隔声方法，其方法如增加楼地面垫层材料的厚度或更改材料的类型。同时选择一些合适的面层材料还能增加地面弹性，当人们行走时，不至于有地面过硬的感受，也能起隔声作用。

4. 满足防水要求

用水较多的厕所、盥洗室、浴室、实验室等房间，应满足防水要求。一般应选用密实不透水的材料，并适当做排水坡度。在楼地面的垫层上部有时还应做油毡防水层。我国南方地区在梅雨季节还会出现地面返潮现象，一般以底层较为常见，但严重时可达到3~4层，这些地区应选择不易返潮的面层材料。

5. 满足某些特殊要求

对有水作用的房间，地面应防潮防水；对有火灾隐患的房间，应防火阻燃；对有化学物质作用的房间，应耐腐蚀；对有食品和药品存放的房间，地面应无害虫、易清洁；对经常有油污染的房间，地面应防油渗且易清扫等。

6. 满足经济要求

在满足使用功能的前提下，尽量选择经济的构造方案，就地取材，以降低造价。

6.4.2 地面面层做法的选择

建筑室内地面做法应根据建筑类别及建筑内部不同功能进行选择，具体要求有以下几个方面：

（1）公共建筑由于人流量大且使用人群复杂，如有残疾人、老年人、儿童活动及轮椅、小型推车等行驶的地面，应采用防滑、耐磨、不易起尘的块材面层或水泥类整体面层。

（2）公共场所的门厅、走道、室外坡道及经常用水冲洗或潮湿、结露等容易受影响的地面，应采用防滑地面。

（3）室内环境对隔声要求较高、需要安静的地面，宜铺设地毯、塑料或橡胶等柔性材料。

（4）供儿童及老年人公共活动的场所地面，地面面层宜采用木地板、强化复合地板、塑胶地板等暖性材料。

（5）娱乐场所地面宜采用表面光滑、耐磨的水磨石、花岗石、玻璃板、混凝土密封固化剂等面层材料，也可选用表面光滑、耐磨和略有弹性的木地板。

（6）餐厅、酒吧、咖啡厅等餐饮类建筑要求地面防滑、不起尘、易清洗和抗油腻沾污，面层材料可选择水磨石、防滑地砖、陶瓷锦砖、木地板或耐沾污地毯等。

（7）室内运动场地、表演厅等地面宜采用具有弹性的木地板、聚氨酯橡胶复合面层、运动橡胶面层；室内旱冰场地面应采用具有坚硬耐磨、平整的现制水磨石面层和耐磨混凝土面层。

（8）存放书刊、文件或档案等纸质库房的地面，珍藏各种文物或艺术品和装有贵重物品的库房地面，宜采用木地板、橡胶地板、水磨石、防滑地砖等不起尘、易清洁的面层；底层地面应采取防潮和防结露措施；有贵重物品的库房，当采用水磨石、防滑地砖面层时，宜在适当范围内增铺柔性层面。

（9）有采暖要求的地面，可选用低温热水地面辐射供暖，面层宜采用地砖、水泥砂浆、强化复合木地板等。

6.4.3 常用地面构造

1. 整体地面

整体地面包括混凝土地面、水泥砂浆地面、水磨石地面、自流平地面等现浇地面。

（1）混凝土或细石混凝土地面

面层铺设混凝土或细石混凝土。混凝土地面的粗骨料最大颗粒粒径不应大于面层厚度的 2/3，细石混凝土面层采用的石子粒径不应大于 15 mm。该地面的垫层及面层宜分仓浇筑或留缝，见图 6-4-1。

混凝土地面坚固、耐磨、防滑、强度高、不起尘、造价较低，适用于车间、停车场、大型仓储式商场等建筑。

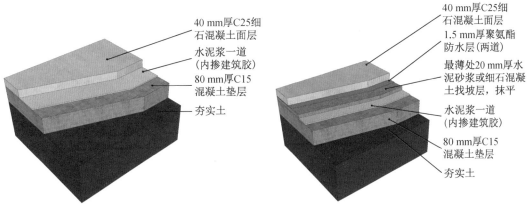

（a）细石混凝土地面构造三维示意图　　（b）有防水层的细石混凝土地面构造三维示意图

图 6-4-1　细石混凝土地面构造

（2）水泥砂浆地面

在混凝土结构层上抹水泥砂浆的地面。水泥砂浆的体积比应为 1：2，面层厚度不应小于 20 mm。水泥应采用硅酸盐水泥或普通硅酸盐水泥，不同品种、不同强度等级的水泥不得混用，砂应采用中粗砂，见图 6-4-2。

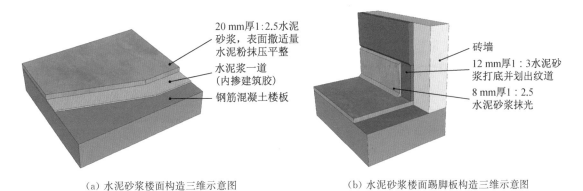

（a）水泥砂浆楼面构造三维示意图　　（b）水泥砂浆楼面踢脚板构造三维示意图

图 6-4-2　水泥砂浆楼面构造

水泥砂浆地面应用在对地面要求不高的房间或需进行二次装修的商品房地面。水泥砂浆地面构造简单、坚固，能防潮、防水且造价较低。但水泥砂浆地面导热系数大，冬天时感觉冷，而且表面易起灰，不易清洁。

（3）水磨石地面

采用水泥与石粒的拌合料铺设的地面。面层的厚度宜为 12～18 mm，结合层用 15～20 mm 厚的 1：3 水泥砂浆找平。水磨石面层的石粒，应采用坚硬可磨的白云石、大理石等加工而成，石粒的粒径宜为 6～15 mm。白色或浅色的水磨石，应采用白水泥，深色的水磨石，宜采用强度等级不小于 42.5 级的硅酸盐水泥、普通硅酸盐水泥或矿渣硅酸盐水泥。彩色水磨石面层使用的颜料，应采用耐光、耐碱的无机矿物质颜料，其掺入量宜为水泥质量的 3%～6%。水磨石面层分格尺寸不宜大于 1 m×1 m，分格条宜采用铜条、铝合金条等平直、坚挺的材料。现制水磨石楼面构造三维示意图见图 6-4-3。

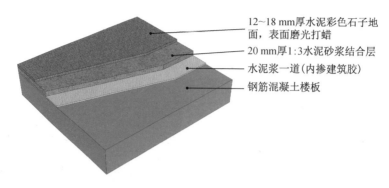

12~18 mm厚水泥彩色石子地面，表面磨光打蜡

20 mm厚1:3水泥砂浆结合层

水泥浆一道(内掺建筑胶)

钢筋混凝土楼板

图 6-4-3　现制水磨石楼面构造三维示意图

水磨石地面具有良好的耐磨性、耐久性、防水性，并具有质地美观、表面光洁、不起尘、易清洁等优点，缺点是导热系数大，冬天时感觉冷，遇水、油时地面较滑。通常应用于居住建筑的浴室、厨房和公共建筑门厅、走道及主要房间地面等部位。水磨石由于施工工序多，操作麻烦，应用正在逐步减少。

（4）自流平地面

自流平地面是在平整的基层上采用具有自行流平性能或稍加辅助性摊铺即能流动找平的地面做法。自流平地面有水泥基、石膏基、环氧树脂、聚氨酯以及水泥基自流平砂浆、环氧树脂或聚氨酯薄涂等类型。

自流平地面质量稳定，施工现场较为干净整洁，防潮、防水效果较好，地面不起尘、易打理，实用性较强，但是施工难度较大。适用于学校、办公室、商场、展厅、医院、仓库等公共建筑，也可用于居住建筑。

2. 块材地面

块材地面是把地面材料加工成块状，然后借助胶结材料粘贴或铺砌在结构层上。胶结材料既起胶结作用又起找平作用，也有先做找平层再做胶结层的。常用的胶结材料有水泥砂浆或各种胶黏剂等。块材地面种类很多，常用的有地砖、天然石材、预制板块、料石、塑料板等。

（1）地砖地面

地砖包括陶瓷锦砖、缸砖、陶瓷地砖和水泥花砖，地砖应在结合层上铺设。

陶瓷锦砖又称马赛克，是以优质瓷土烧制而成的小尺寸瓷片。此类砖块小缝多，主要用于防滑要求较高的卫生间、浴室等房间的地面。

陶瓷地砖色调丰富、均匀，砖面平整，抗腐耐磨，施工方便，且块大缝少，装饰效果好。目前陶瓷地砖的应用最为广泛，多用于办公、商店、旅馆、住宅建筑等。地砖楼地面构造见图 6-4-4。

缸砖是用陶土焙烧而成的一种无釉砖块，形状、颜色多样。缸砖背面有凹槽，使砖块和基层胶黏牢固，要求平整，横平竖直。缸砖具有质地坚硬、耐磨、耐水、耐酸碱、易清洁等优点。

（2）天然石材地面

天然石材包括天然大理石、花岗石（或碎拼大理石、碎拼花岗石）板材。天然石材应在结合层上铺设。铺设大理石、花岗石面层前，板材应浸湿、晾干；结合层与板材应分段同时铺设，见图 6-4-5。

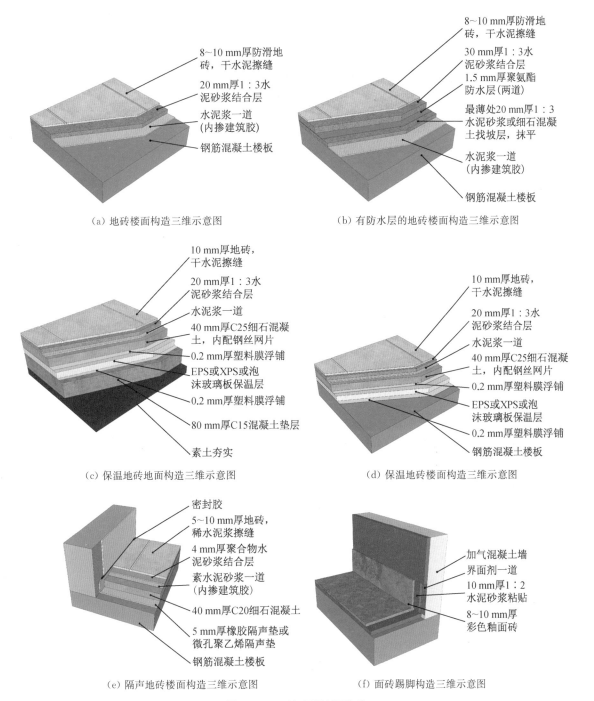

（a）地砖楼面构造三维示意图

8~10 mm厚防滑地砖，干水泥擦缝
20 mm厚1∶3水泥砂浆结合层
水泥浆一道（内掺建筑胶）
钢筋混凝土楼板

（b）有防水层的地砖楼面构造三维示意图

8~10 mm厚防滑地砖，干水泥擦缝
30 mm厚1∶3水泥砂浆结合层
1.5 mm厚聚氨酯防水层（两道）
最薄处20 mm厚1∶3水泥砂浆或细石混凝土找坡层，抹平
水泥浆一道（内掺建筑胶）
钢筋混凝土楼板

（c）保温地砖地面构造三维示意图

10 mm厚地砖，干水泥擦缝
20 mm厚1∶3水泥砂浆结合层
水泥浆一道
40 mm厚C25细石混凝土，内配钢丝网片
0.2 mm厚塑料膜浮铺
EPS或XPS或泡沫玻璃板保温层
0.2 mm厚塑料膜浮铺
80 mm厚C15混凝土垫层
素土夯实

（d）保温地砖楼面构造三维示意图

10 mm厚地砖，干水泥擦缝
20 mm厚1∶3水泥砂浆结合层
水泥浆一道
40 mm厚C25细石混凝土，内配钢丝网片
0.2 mm厚塑料膜浮铺
EPS或XPS或泡沫玻璃板保温层
0.2 mm厚塑料膜浮铺
钢筋混凝土楼板

（e）隔声地砖楼面构造三维示意图

密封胶
5~10 mm厚地砖，稀水泥浆擦缝
4 mm厚聚合物水泥砂浆结合层
素水泥砂浆一道（内掺建筑胶）
40 mm厚C20细石混凝土
5 mm厚橡胶隔声垫或微孔聚乙烯隔声垫
钢筋混凝土楼板

（f）面砖踢脚构造三维示意图

加气混凝土墙
界面剂一道
10 mm厚1∶2水泥砂浆粘贴
8~10 mm厚彩色釉面砖

图 6-4-4　地砖楼地面构造

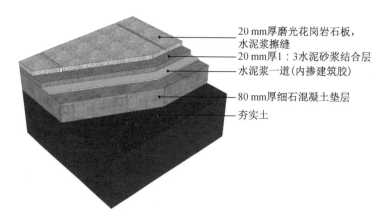

20 mm厚磨光花岗岩石板，水泥浆擦缝

20 mm厚1：3水泥砂浆结合层

水泥浆一道（内掺建筑胶）

80 mm厚细石混凝土垫层

夯实土

图 6-4-5　磨光花岗岩石板地面构造三维示意图

(3) 预制板块地面

预制板块包括水泥混凝土板块、水磨石板块、人造石板块，应在结合层上铺设。

(4) 塑料板地面

塑料板应采用塑料板块材、塑料板焊接或塑料卷材，应采用胶黏剂在水泥类基层上铺设，见图 6-4-6。

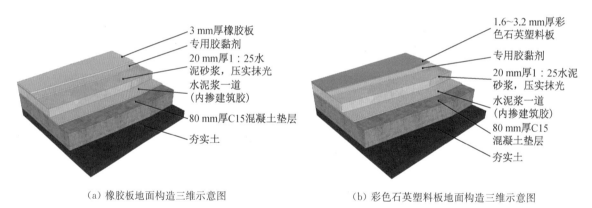

3 mm厚橡胶板
专用胶黏剂
20 mm厚1：25水泥砂浆，压实抹光
水泥浆一道（内掺建筑胶）
80 mm厚C15混凝土垫层
夯实土

1.6~3.2 mm厚彩色石英塑料板
专用胶黏剂
20 mm厚1：25水泥砂浆，压实抹光
水泥浆一道（内掺建筑胶）
80 mm厚C15混凝土垫层
夯实土

（a）橡胶板地面构造三维示意图　　　　（b）彩色石英塑料板地面构造三维示意图

图 6-4-6　塑料板地面构造

3. 木(竹)地面

木地面包括实木地板、实木集成地板、竹地板、强化木地板、软木类地板。木地面的主要特点是有弹性、不起灰、不返潮、导热系数小，常用于住宅、宾馆、体育馆比赛厅、剧院舞台等建筑中。

实木地板、实木集成地板、竹地板应采用条材、块材或拼花板材，用空铺或实铺的方式在基层上铺设。空铺式木地面又称架空木地面，其木龙骨固定在地垄墙的垫木上或结构层上；实铺式木地面是直接在实体基层上铺设木地板，见图 6-4-7。

强化木地板又称浸渍纸层压木质地板，面层应采用条材或块材，以空铺或粘贴方式在基层上铺设。

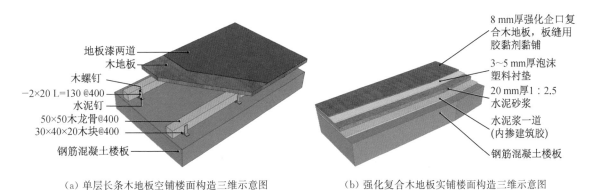

（a）单层长条木地板空铺楼面构造三维示意图　　（b）强化复合木地板实铺楼面构造三维示意图

图 6-4-7　木材面层楼面构造

软木类地板包括软木地板或软木复合地板的条材或块材，软木地板应在水泥基层或垫层上采用粘贴方式铺设，软木复合地板面层应采用空铺方式铺设。

第七章

阳台、雨棚构造

7.1　阳台构造

7.1.1　阳台类型和设计要求

　　阳台是室内与室外的过渡空间，为人们提供户外活动、晒衣、赏景等的场所，同时也为建筑物本身形象的塑造起到重要作用。阳台通常是住宅、旅馆等多层或高层建筑中不可缺少的一部分。常见的阳台形式见图7-1-1。

图7-1-1　常见的阳台形式

1. 阳台的类型

　　根据阳台与外墙面的关系可分为挑阳台、凹阳台、半挑半凹阳台等(图7-1-2)。根据阳台在外墙上所处位置的不同，可分为中间阳台和转角阳台。按照使用要求的不同又可分为生活阳台、景观阳台和服务阳台等。根据阳台的支承方式有悬挑式、支承式、吊挂式等，以悬挑式居多。悬挑式又可分为板式悬挑和梁板式悬挑。

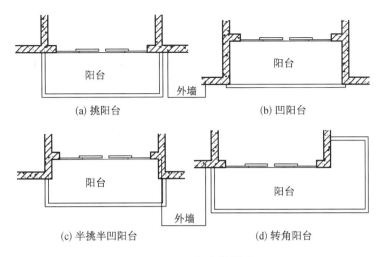

(a) 挑阳台　　　　　　　　(b) 凹阳台

(c) 半挑半凹阳台　　　　　(d) 转角阳台

图 7-1-2　阳台的类型

2. 阳台的设计要求

(1) 安全、坚固、耐久

悬挑阳台的挑出长度应满足抗倾覆的要求，以保证结构安全。阳台的出挑长度为 1.5 m 左右，当挑出长度超过 1.5 m 时，应做凹阳台或采取可靠的防倾覆措施。

阳台周围应设栏板或栏杆，便于人们在阳台上休息或存放杂物。栏杆、扶手构造应坚固、耐久，保证阳台的安全性。按规范，多层住宅阳台栏杆净高不低于 1.05 m，高层住宅阳台栏杆净高不低于 1.1 m，阳台垂直栏杆间净距不应大于 110 mm。为防攀爬，不在栏杆间设水平杆件以免造成恶果。放置花盆处也应采取防坠落措施。

阳台所用材料应经久耐用，如金属构件应做防锈处理，表面装修应注意色彩的耐久性和抗污染性。

(2) 排水通畅

为避免雨水流入室内，阳台地面应低于室内地面 30～50 mm，并做 1%～2% 的坡度和布置排水设施，使雨水能有组织地外排(图 7-1-3)。阳台板上面应预留排水孔，其直径不应小于 32 mm，伸出阳台外应有 80～100 mm，空透栏杆下做 100 mm 高挡水带。

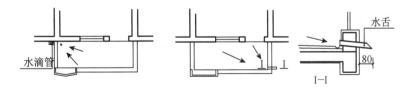

图 7-1-3　阳台排水处理

(3) 美观

阳台栏杆应结合地区气候特点，并可利用阳台的形状、栏杆材质、色彩图案等满足立面造型的需要。

119

7.1.2 阳台承重结构的布置

阳台承重结构应与楼板的结构布置统一考虑，主要采用钢筋混凝土阳台板，包括现浇式、装配式或现浇与装配相结合的方式。

(1) 挑梁搭板

挑梁搭板是指在阳台两端设置挑梁，挑梁上搭板(图 7-1-4)。挑梁与板的关系有几种处理方式：一是挑梁外露，阳台正立面上露出挑梁梁头[图 7-1-4(a)(b)]；二是在挑梁梁头设置边梁封住梁头，阳台底边平整，外形较简洁[图 7-1-4(c)(d)]；三是设置"L"形挑梁，梁上搁置卡口板，使阳台地面平整，外形简洁、美观、轻巧[图 7-1-4(e)(f)]。挑梁搭板构造简单、施工简便，是常采用的一种方式。

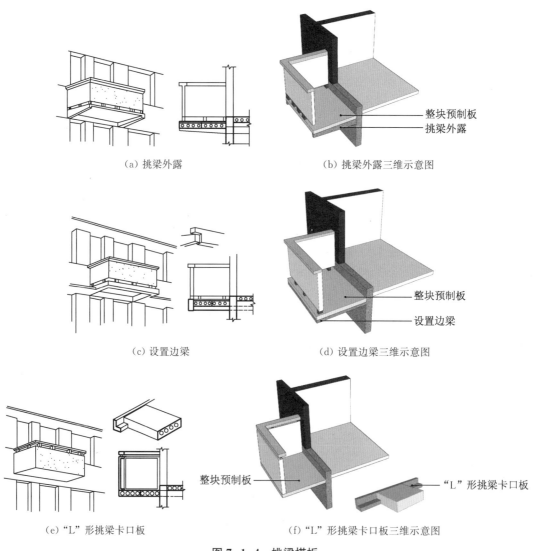

（a）挑梁外露 　　　　　　　（b）挑梁外露三维示意图

整块预制板
挑梁外露

（c）设置边梁 　　　　　　　（d）设置边梁三维示意图

整块预制板
设置边梁

（e）"L"形挑梁卡口板 　　　　（f）"L"形挑梁卡口板三维示意图

整块预制板
"L"形挑梁卡口板

图 7-1-4 挑梁搭板

（2）悬挑阳台板

悬挑阳台板是指由楼板挑出阳台板作为阳台的承重结构（图7-1-5）。具体悬挑方式有两种：一是楼板悬挑阳台板［图7-1-5(a)］；二是墙梁（或框架梁）悬挑阳台板［图7-1-5(b)(c)］，通常将阳台板与梁浇在一起，还可将阳台板与梁做成整块预制构件［图7-1-5(d)］，吊装就位后用铁件与大型预制板焊接。

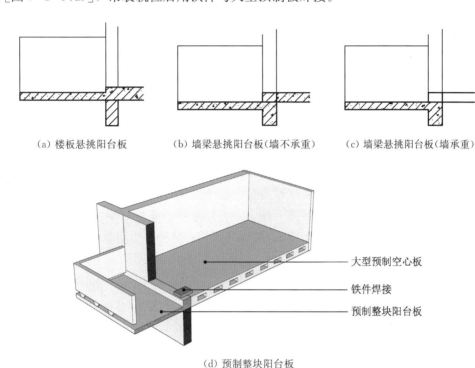

（a）楼板悬挑阳台板　　（b）墙梁悬挑阳台板（墙不承重）　　（c）墙梁悬挑阳台板（墙承重）

大型预制空心板

铁件焊接

预制整块阳台板

（d）预制整块阳台板

图7-1-5　悬挑阳台板

该方式阳台板底平整，造型简洁、美观，阳台长度不受限制，通常使用在较长的阳台构造中，但是施工较麻烦，造价相对较高。

7.1.3　阳台栏杆构造

1. 阳台栏杆的一般规定

阳台栏杆是在阳台板外围设置的垂直维护构件，主要是承担人们扶倚的侧向推力，以保障人身安全，还可以对整个建筑物起装饰美化作用。

《民用建筑设计统一标准》（GB 50352—2019）中关于阳台栏杆有如下规定：

（1）栏杆应以坚固、耐久的材料制作，并能承受现行国家标准《建筑结构荷载规范》（GB 50009—2001）及其他国家现行相关标准规定的水平荷载。

（2）当临空高度在24.0 m以下时，栏杆高度不应低于1.05 m；当临空高度在24.0 m及以上时，栏杆高度不应低于1.1 m。封闭阳台栏杆亦应满足上述要求。

（3）栏杆高度应从所在楼地面或屋面至栏杆扶手顶面垂直高度计算，当底面有宽度大于或等于0.22 m，且高度低于或等于0.45 m的可踏部位时，应从可踏部位顶面起算。

（4）公共场所栏杆离地面 0.1 m 高度范围内不宜留空。

（5）住宅、托儿所、幼儿园、中小学及其他少年儿童专用活动场所的栏杆必须采取防止攀爬的构造。当采用垂直杆件做栏杆时，其杆件净间距不应大于 0.11 m。

2. 阳台栏杆的类型

栏杆的形式有实心栏板、空花栏杆和混合式栏杆，栏杆的材料有砖、金属、钢筋混凝土、玻璃及混合式等。栏杆的选择应结合地区气候特点、建筑立面造型的需要、使用的需求、材料的供应等多种因素决定。

（1）砖砌栏板

砖砌栏板一般为 120 mm 厚，采取在栏板顶部现浇钢筋混凝土扶手，或在栏板中配置通长钢筋加固，阳台角部设小立柱等加强其整体性。

（2）钢筋混凝土栏板或栏杆

钢筋混凝土栏板有现浇和预制两种。现浇钢筋混凝土栏板通常与阳台板或边梁、挑梁整浇在一起。预制钢筋混凝土栏杆通常设置钢筋混凝土压顶（图 7-1-6）。扶手和栏杆的连接可采用预埋铁件，安装时焊接在一起[图 7-1-6(a)]；也可采用榫接坐浆的方式，即在压顶底面留槽，将栏杆插入槽内，并用水泥砂浆坐浆填实[图 7-1-6(b)]；还可以在栏杆上留出钢筋，现浇压顶[图 7-1-6(c)]；另外，也可采用钢筋混凝土栏板顶部加宽的处理方式[图 7-1-6(d)]。

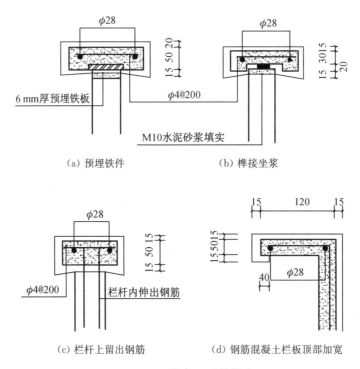

图 7-1-6 栏杆压顶的做法

扶手与墙的连接，一般做法为在砌墙时预留 240 mm（宽）×180 mm（深）×120 mm（高）的洞，将扶手或扶手中的钢筋伸入外墙的预留洞中，用细石混凝土或水泥砂浆填实牢固。采用栏板时，将栏板的上下肋伸入洞内。当扶手与外墙构造柱相连时，可先在构造柱内预留钢筋，与扶手中的钢筋焊接，或构造柱边的预埋件与扶手中的钢筋焊接。

栏杆与阳台板的连接，采用混凝土沿阳台板边现浇挡水带。栏杆与挡水带采用预埋铁件焊接[图 7-1-7(a)]，或榫接坐浆[图 7-1-7(b)]，或插筋连接[图 7-1-7(c)]。如采用钢筋混凝土栏板，可设置预埋件直接与阳台板预埋件焊接。

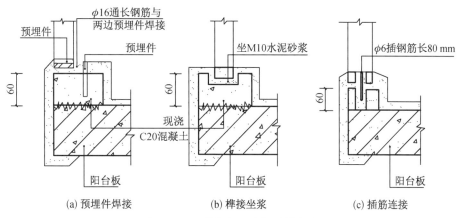

(a) 预埋件焊接　　　　(b) 榫接坐浆　　　　(c) 插筋连接

图 7-1-7　栏杆与阳台板连接方式

(3) 金属及玻璃栏杆

金属栏杆常采用铝合金、不锈钢等焊接成各种形式的漏花栏杆，且要做防锈处理。玻璃栏杆常采用厚度较大、不易碎裂或碎裂后不会脱落的玻璃，如有机玻璃、钢化玻璃等(图 7-1-8)。扶手一般采用金属，为钢管与金属栏杆焊接[图(a)]，或不锈钢管与玻璃用结构密封胶固结[图(b)]。

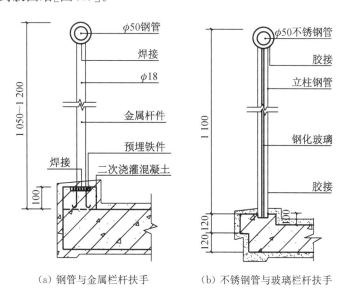

(a) 钢管与金属栏杆扶手　　　　(b) 不锈钢管与玻璃栏杆扶手

图 7-1-8　阳台栏杆与扶手构造

7.2 雨棚构造

雨棚通常设置在建筑出入口的上方，用来遮挡雨雪，方便人们在出入口处短暂停留等，还能起到室内外空间过渡，丰富立面造型的作用。

雨棚的类型受到建筑的功能、出入口的位置和大小、建筑所处地区的气候特点、立面造型要求等因素影响，通常有钢筋混凝土、钢构架、钢和玻璃组合等材质类型。

钢筋混凝土雨棚有悬板式和悬挑梁板式两种。悬板式雨棚外挑长度一般为 0.8～1.5 m，板根部厚度不小于挑出长度的 1/12，雨棚宽度比门洞每边宽 250 mm。雨棚排水方式可采用无组织排水和有组织排水两种(见图 7-2-1)。悬挑梁板式雨棚一般用在需要挑出长度较大的入口处，如商场、办公楼等公共建筑，为使板底平整，多做成反梁式。

对于钢构架金属雨棚、金属和玻璃组合雨棚，常采用吊挂式，用钢斜拉杆以抵抗雨棚的倾覆。该种雨棚形式轻巧美观，对建筑入口的烘托和建筑立面美化的效果较好。

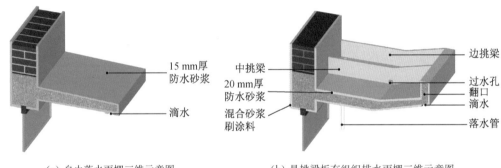

(a) 自由落水雨棚三维示意图　　　　　(b) 悬挑梁板有组织排水雨棚三维示意图

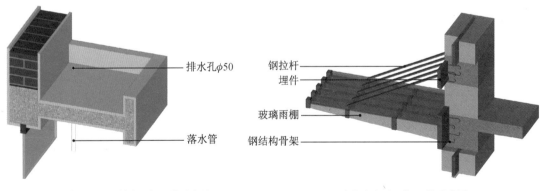

(c) 上下翻口有组织排水雨棚三维示意图　　　(d) 玻璃-钢组合雨棚三维示意图

图 7-2-1　雨棚的构造

第八章

楼梯构造

8.1 楼梯概述

建筑物中联系室内外高差、解决不同标高楼层的垂直交通一般采取以下措施：

(1) 坡道。建筑物在有高差的楼、地面处供人行或轮式交通工具(车辆、轮椅、推车等)通行的斜坡式交通通道。一般用于高差较小时的交通联系，常用坡度为1/12～1/8，自行车坡道不宜大于1/5。坡道见图8-1-1(a)。

(2) 楼梯。用于楼层之间和高差较大时的交通联系，是多层、高层建筑竖向交通和人员紧急疏散的主要交通设施，使用最为普遍。楼梯角度在20°～45°之间，舒适坡度为26°34′，即踏步高宽比约1/2。楼梯见图8-1-1(b)。

(3) 电梯。通过电力带动轿厢运行于垂直方向，运送乘客或货物的交通设备，角度为90°。垂直升降电梯多用于7层以上的多层建筑和高层建筑以及一些标准较高的低层建筑。电梯见图8-1-1(c)。

(4) 自动扶梯。又称"自动楼梯""滚梯"，是通过链式输送机自动运送人员的竖向交通设备，适用于有大量连续人流的大型公共建筑，如超市、火车站、地铁站、航空港、展览中心、体育中心等。自动扶梯有水平运行、向上运行和向下运行三种方式，向上或向下的倾斜角度为30°左右，亦可互换使用。自动扶梯见图8-1-1(d)。

(5) 爬梯。一般是指楼梯梯段的坡度超过45°，且上下行需借助双手帮助才能使用的垂直通行设施。多用于专用梯(工作梯、消防梯等)，常用角度为45°～90°，其中最常用的角度为59°(踏步高宽比约1∶0.5)、73°(踏步高宽比约1∶0.35)和90°。爬梯见图8-1-1(e)。

(6) 台阶。相比楼梯坡度较小，即踏步宽度较大，高度较小。常用于室内外地坪高差之间以及室内不同标高处的阶梯形踏级，供人上下使用。室内台阶可与楼梯踏步一致。台阶见图8-1-1(f)。

(a) 坡道

(b) 楼梯

(c) 电梯

(d) 自动扶梯

(e) 爬梯

(f) 台阶

图 8-1-1　垂直交通类型

8.1.1　楼梯的种类

1. 楼梯按位置分，可分为室内楼梯和室外楼梯。

2. 按使用性质分，可分为交通楼梯、辅助楼梯、疏散楼梯等。

3. 按防烟、防火作用分，可分为敞开式楼梯、封闭楼梯、防烟楼梯、室外防火楼梯等。

4. 按组合形式分，可分为单跑式（直跑式）、双跑式、三跑式、多跑式以及弧形、螺旋形、剪刀形等多种形式。下面介绍几种常用的楼梯形式（图 8-1-2）。

（1）单跑式（直跑式）

单跑楼梯无中间平台，踏步数一般不超过 18 级，因此适用于层高不高的建筑物。直行单跑楼梯见图 8-1-2(a)。

（2）直行双跑

直行双跑楼梯是直行单跑楼梯的延伸，仅增设中间平台，将单梯段变为双梯段甚至多梯段，可用于层高较高的建筑物。直行双跑楼梯见图 8-1-2(b)。

(3) 平行双跑

平行双跑楼梯在中间平台处将梯段进行 180°转折，两个梯段平行。因此上完一层楼刚好回到原起步方位，与楼梯上升的空间回转往复性吻合，更加节约交通面积、缩短人流行走距离，是最常用的楼梯形式之一。平行双跑楼梯见图 8-1-2(c)。

(4) 平行双分双合

梯段相互平行但行走方向相反，是在平行双跑楼梯的基础上演变而来的。平行双分楼梯的第一跑梯段在中部，在中间平台处向两边分开各形成一个梯段。平行双合楼梯则相反，第一跑梯段在两边，在中间平台处合并形成第二跑。该类型的楼梯适合人流量较大的公共建筑，造型对称、美观，常用在建筑物入口处。平行双分楼梯、平行双合楼梯分别见图 8-1-2(d)、(e)。

(5) 转角双跑

与平行双跑楼梯不同的是，梯段在中间平台处的折角小于 180°，两个梯段不平行。该折角可为 90°，形成直角双跑，也可小于 90°，形成三角形楼梯间，还可大于 90°，常用于导向性强、仅上一层楼的影剧院、体育馆等建筑的门厅中。转角双跑楼梯见图 8-1-2(f)。

(6) 折行三跑

有三个梯段，通常折角为 90°，楼梯中部会形成较大的梯井，因此安全性较低，不能用在供少年儿童使用的建筑中，常用于层高较大的公共建筑。折形三跑楼梯见图 8-1-2(g)。

(7) 剪刀形楼梯

也称为交叉跑楼梯，可认为是由两个直行单跑楼梯交叉并列布置而成的，通行量较大，且为上下楼层的人流提供了两个方向。在楼梯中间加上防火分隔墙，周边设防火墙并设防火门形成楼梯间，就成了防火剪刀楼梯。两边梯段空间互不相通，形成两个各自独立的空间通道，在保证防火分隔安全的前提下，可视为两部独立的疏散楼梯。在高层住宅等建筑中，为节省交通空间及满足消防疏散要求，常常采用该类型楼梯。剪刀形楼梯见图 8-1-2(h)、(i)。

(8) 螺旋形楼梯

螺旋形楼梯与弧形楼梯不同的是，其通常围绕一根单柱布置，水平投影呈圆形。踏步内侧宽度很小，与外侧差距较大，因此形成较陡的坡度，行走时不安全，不能作为主要人流交通和疏散楼梯。由于该类型楼梯造型美观，常作为建筑小品布置在室内或庭院，但其结构和施工也较复杂。螺旋形楼梯见图 8-1-2(j)。

(9) 弧形楼梯

弧形楼梯也是折行楼梯的演变形式，其围绕一较大的轴心空间旋转，其水平投影为一段弧环，且曲率半径较大。踏步与中间平台呈扇形，踏步内侧与外侧宽度相差不大，使坡度不至于过陡，行走较为舒适安全，可用于人流量较大的建筑。该类型的楼梯造型优美轻盈，适合布置在公共建筑的门厅，但结构和施工难度较大，造价较高。弧形楼梯见图 8-1-2(k)。

5. 按结构材料分，可分为钢筋混凝土楼梯、木楼梯、钢楼梯、玻璃楼梯、混合式楼梯等。各类结构材料的楼梯见图 8-1-3。

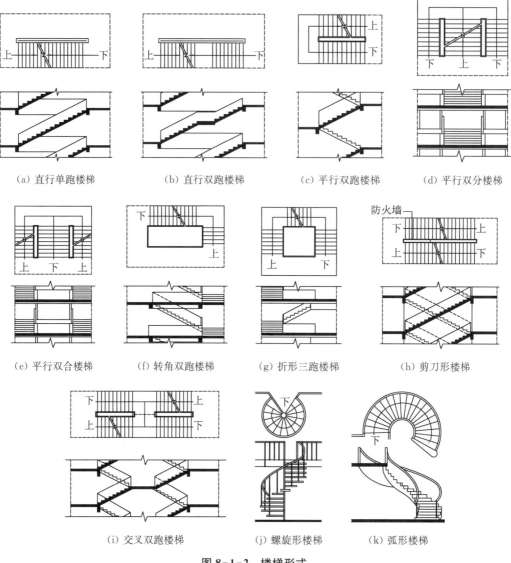

（a）直行单跑楼梯　　　（b）直行双跑楼梯　　　（c）平行双跑楼梯　　　（d）平行双分楼梯

（e）平行双合楼梯　　　（f）转角双跑楼梯　　　（g）折形三跑楼梯　　　（h）剪刀形楼梯

（i）交叉双跑楼梯　　　（j）螺旋形楼梯　　　（k）弧形楼梯

图 8-1-2　楼梯形式

（a）钢筋混凝土楼梯　　　（b）木楼梯　　　（c）钢楼梯　　　（d）玻璃楼梯

图 8-1-3　各类结构材料的楼梯

（1）钢筋混凝土楼梯

钢筋混凝土楼梯按照施工方式的不同，可分为现浇式和预制装配式两种。

现浇式钢筋混凝土楼梯是指在施工现场支模板，绑扎钢筋，将楼梯段、楼梯平台等整浇在一起的楼梯。该种楼梯整体性好、刚度大、可塑性强，能适应各种楼梯形式，防火、抗震性能较好。但是由于需要现场支模，模板耗费较多，施工周期较长，自重较大。

预制装配式钢筋混凝土楼梯将楼梯分为平台板、楼梯梁、楼梯段三部分，将这些构件在预制厂或施工现场进行预制，施工时将预制构件进行焊接、装配。该类楼梯具有节约模板、施工速度快等优点，但整体性不如现浇式钢筋混凝土楼梯。钢筋混凝土楼梯见图8-1-3(a)。

（2）木楼梯

木楼梯是指以木材为主体构造的楼梯。在钢筋混凝土楼梯、钢楼梯等被应用之前，木楼梯是应用最为广泛、时间最久的楼梯类型之一。木材有着独特的纹理，温馨的色调，给人以亲切、温暖、舒适的感受，且制作工艺相对简单，造价较低，施工方便，常用于住宅室内楼梯。木楼梯见图8-1-3(b)。

（3）钢楼梯

钢结构楼梯以钢型材为主要材料，其结构支承体系以楼梯钢斜梁为主要结构构件，楼梯梯段以踏步板为主。钢楼梯用材节约、形态轻盈、造型多变、施工简单，且具有优秀的力学性能，可以脱离建筑结构独立存在，因此具有极大的灵活性。在室内空间设计中常用钢楼梯来划分空间。除普通钢楼梯外，常见的还有屋面检修钢梯、螺旋钢梯等。钢楼梯见图8-1-3(c)。

（4）玻璃楼梯

随着科学技术的发展，玻璃的性能不断提升，防爆、防碎、耐火等达到了很高的限度，因此也会被用在楼梯踏板等主要结构元素上。玻璃的通透性极高，可以使楼梯显得非常轻盈，还可以改变色彩、造型，或增加图案等，使得楼梯更加美观。玻璃楼梯见图8-1-3(d)。

6. 按结构形式分，可分为梁式楼梯、板式楼梯、悬臂式楼梯、悬挂式楼梯、墙承式楼梯等。

（1）现浇式钢筋混凝土楼梯一般有两种做法：板式楼梯和斜梁式楼梯（图8-1-4）。

① 板式楼梯

板式楼梯是将楼梯作为一块板考虑，板的两端支承在休息平台的边梁上，休息平台支承在墙上。板式楼梯结构简单，板底平整，施工方便，但自重较重，因此楼梯水平投影长度在3 m以内时比较经济。板式梯段见图8-1-3(a)、(b)。

② 斜梁式楼梯

楼梯的踏步板支承在斜梁上，斜梁支承在平台梁上，平台梁再支承在墙上。斜梁可以在踏步板的下面、上面或侧面。斜梁在踏步板上面或侧面时，形成反梁，踏步包在里面，形成"暗步"，可以阻止垃圾或灰尘从梯井中落下，且梯段底面平整，便于粉刷[图8-1-3(c)、(d)]。斜梁在踏步板下面时，踏步显露，形成"明步"，不占用梯段的长度，但板底不平整，粉刷比较费工[图8-1-3(e)、(f)]。

斜梁式梯段在结构布置上有双梁和单梁之分。单梁的布置方式有两种：一种是踏步从梁的一侧悬臂挑出；另一种是踏步从梁的两侧悬挑。

③ 无梁式楼梯

这种楼梯没有平台梁，休息平台与梯段连成一个整体，直接支承在两端的墙上(或梁上)。无梁式楼梯可以争取空间高度，但板厚度较大，配筋相对复杂。

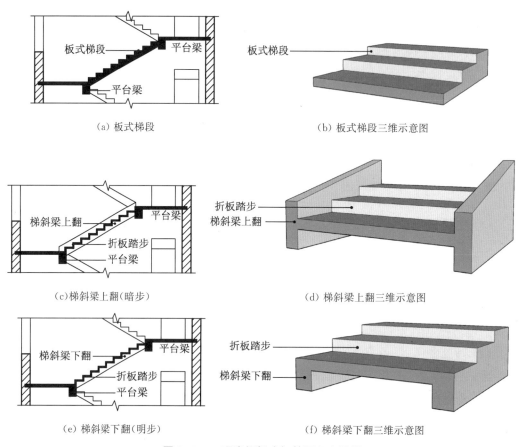

（a）板式梯段   （b）板式梯段三维示意图

（c）梯斜梁上翻(暗步)   （d）梯斜梁上翻三维示意图

（e）梯斜梁下翻(明步)   （f）梯斜梁下翻三维示意图

图 8-1-4　现浇梁板式钢筋混凝土楼梯

(2) 预制装配式钢筋混凝土楼梯按其构造方式可分为墙承式、墙悬臂式、梁承式等。

① 墙承式

墙承式是指预制钢筋混凝土踏板直接搁置在墙上，由墙体支承的结构形式。墙承式楼梯不需设平台斜梁和栏杆，有中间墙，需要时设靠墙扶手。该类楼梯需要与墙体砌筑配合，施工速度较慢，梯段之间有墙体，易阻挡视线造成不便，过去常用于小型砖混结构建筑中，现使用较少。

② 墙悬臂式

墙悬臂式是指预制钢筋混凝土踏步板一段嵌固于楼梯间侧墙上，另一端凌空悬挑的楼梯形式。墙悬挑式楼梯不需设平台梁和斜梁，也无中间墙。该类楼梯轻巧通透，结构占用空间较小，但整体刚度较差，施工较麻烦，不能用于有抗震设防要求的地区。

③ 梁承式

梁承式是指楼梯的踏步板支承在平台梁上，平台梁支承在承重墙上或框架结构梁上的结构形式。楼梯平台与斜向梯段交汇处设置平台梁，避免了构件转折处受力不合理和节点处理的困难。该类楼梯形式目前较为常用，一般用于各类民用建筑(图 8-1-5)。

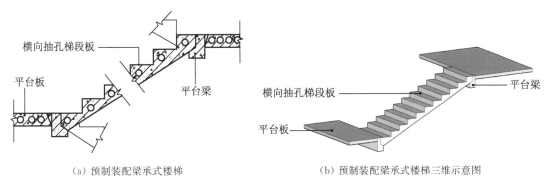

（a）预制装配梁承式楼梯　　　　　　　（b）预制装配梁承式楼梯三维示意图

图 8-1-5　梁承式楼梯构造

8.1.2　楼梯的组成

楼梯一般由梯段、平台、栏杆扶手三部分组成(图 8-1-6)。

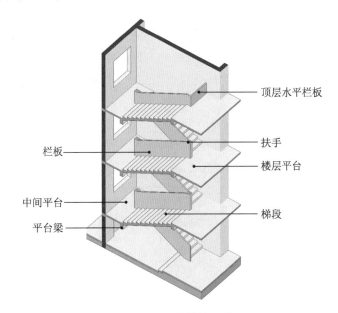

图 8-1-6　楼梯的组成

1. 梯段

楼梯段又称楼梯跑，它是楼梯的基本组成部分。梯段是连接两个不同标高平台的倾斜构件，其结构形式有板式和梁板式。梯段的宽度取决于通行人数和消防要求。为保证人流通行的安全性和舒适性，梯段的踏步步数一般不应超过 18 级，也不应少于 3 级，梯段步数太多会使人疲累，太少则不易被察觉，都有安全隐患。

2. 平台

连接两个梯段的水平构件称为平台。按平台所处位置和标高不同，可分为中间平台和楼层平台两类。两层楼之间的平台称为中间平台，又叫休息平台，供人们上下行时暂停休息和改变行进方向。与楼层地面标高齐平的平台称为楼层平台，用来分配从楼梯到达各楼层的人流。

3. 栏杆扶手

为保护上下行人流的安全以及分隔属性不同的空间，应在梯段和平台临空一侧设置安全保护构件，通常设栏杆或栏板，高度在人体胸腹腔之间。栏杆或栏板顶部供行人倚扶用的连续构件称为扶手。当梯段净宽达 3 股人流时，应两侧设扶手，非临空面也应加设靠墙扶手；当梯段净宽达到 4 股人流时，宜加设中间扶手。

8.2 楼梯的设计要求

8.2.1 楼梯数量的要求

1. 公共建筑

（1）《建筑设计防火规范》（GB 50016—2014）中规定，公共建筑内每个防火分区或一个防火分区的每个楼层，其安全出口的数量应经计算确定，且不应少于 2 个。设置 1 个安全出口或 1 部疏散楼梯的公共建筑应符合下列条件之一：

① 除托儿所、幼儿园外，建筑面积不大于 200 m² 且人数不超过 50 人的单层公共建筑或多层公共建筑的首层；

② 除医疗建筑，老年人照料设施，托儿所、幼儿园的儿童用房，儿童游乐厅等儿童活动场所和歌舞娱乐放映游艺场所等外，符合表 8-2-1 规定的公共建筑。

表 8-2-1　设置 1 部疏散楼梯的公共建筑

耐火等级	最多层数	每层最大建筑面积/m²	人数
一、二级	3 层	200	第二、三层的人数之和不超过 50 人
三级	3 层	200	第二、三层的人数之和不超过 25 人
四级	2 层	200	第二层人数不超过 15 人

（2）高层公共建筑的疏散楼梯，当分散设置确有困难且从任一疏散门至最近疏散楼梯间入口的距离不大于 10 m 时，可采用剪刀楼梯间，但应符合下列规定：

① 楼梯间应为防烟楼梯间；

② 梯段之间应设置耐火极限不低于 1.00 h 的防火隔墙；

③ 楼梯间的前室应分别设置。

（3）设置不少于 2 部疏散楼梯的一、二级耐火等级多层公共建筑，如顶层局部升高，当高出部分的层数不超过 2 层、人数之和不超过 50 人且每层建筑面积不大于 200 m² 时，高出部分可设置 1 部疏散楼梯，但至少应另外设置 1 个直通建筑主体上人屋面的安全出口，且上人屋面应符合人员安全疏散的要求。

2. 居住建筑

（1）建筑高度不大于 27 m 的建筑，当每个单元任一层的建筑面积大于 650 m² 或任一户门至最近楼梯间的距离大于 15 m 时，每个单元每层的楼梯数量不应少于 2 个。

（2）建筑高度大于 27 m、不大于 54 m 的建筑，当每个单元任一楼层的建筑面积大于 650 m² 或任一户门至最近楼梯间的距离大于 10 m 时，每个单元每层的楼梯数量不应少于 2 个。

（3）建筑高度大于 54 m 的建筑，每个单元每层的楼梯数量不应少于 2 个。

8.2.2 楼梯位置的要求

1. 楼梯应放在明显和易于找到的部位，以方便使用和紧急疏散。除通向避难层的楼梯外，楼梯间在各层的平面位置不应改变。特殊情况需要错位的必须有直接的衔接，不允许出现因寻找不便而造成对紧急疏散的危害、影响。

2. 楼梯不宜放在建筑物的角部和边部，以方便水平荷载的传递。楼梯间一般不宜占用好的朝向。楼梯间应有天然采光和自然通风(防烟式楼梯间可以除外)。

3. 5 层及 5 层以上建筑物的楼梯间，底层应设出入口；4 层及 4 层以下的建筑物，楼梯间可以放置在出入口附近，但不得超过 15 m。

4. 楼梯不宜采取围绕电梯的布置形式。建筑物内主入口的明显位置宜设有主楼梯。

8.2.3 楼梯尺寸的要求

1. 楼梯的坡度

楼梯坡度根据建筑物的使用性质和层高确定，一般在 20°～45°之间。使用频繁、人流密集的公共建筑中楼梯以及室外景观楼梯等，坡度设计宜相对平缓，这样人们在行走时感觉更加舒适，但占地面积大。使用人数较少的居住建筑中楼梯以及辅助性楼梯、室外消防楼梯、检修梯等，坡度设计可适当陡些，占地较为节约。当坡度小于 10°时，可采用坡道；当坡度大于 45°时，应采用爬梯。楼梯的坡度见图 8-2-1。

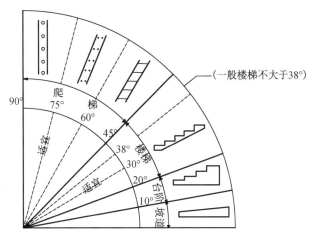

图 8-2-1　楼梯的坡度

2. 踏步的尺寸

踏步是人们上下楼梯脚踏的地方。踏步的水平面即踏步宽度，又称踏面；踏步的垂直面即踏步高度，又称踢面。踏步的尺寸应根据人体的尺度以及建筑的类型和使用功能来确定。

《民用建筑设计统一标准》(GB 50352—2019)中规定的楼梯踏步高度与宽度的数值应符合表 8-2-2 的规定。

表 8-2-2　楼梯踏步最小宽度和最大高度

单位：m

楼梯类别		最小宽度	最大高度
住宅楼梯	住宅公共楼梯	0.260	0.175
	住宅套内楼梯	0.220	0.200
宿舍楼梯	小学宿舍楼梯	0.260	0.150
	其他宿舍楼梯	0.270	0.165
老年人建筑楼梯	住宅建筑楼梯	0.300	0.150
	公共建筑楼梯	0.320	0.130
托儿所、幼儿园楼梯		0.260	0.130
小学校楼梯		0.260	0.150
人员密集且竖向交通繁忙的建筑和大、中学校楼梯		0.280	0.165
其他建筑楼梯		0.260	0.175
超高层建筑核心筒内楼梯		0.250	0.180
检修及内部服务楼梯		0.220	0.200

注：螺旋楼梯和扇形踏步离内侧扶手中心 0.250 m 处的踏步宽度不应小于 0.220 m(图 8-2-2)。

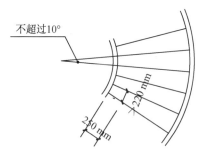

图 8-2-2　扇形踏步

3. 梯井的尺寸

上、下两个楼梯段扶手之间的空当叫做梯井。楼梯梯段、平台、梯井见图 8-2-3。

《建筑设计防火规范》(GB 50016—2014)中规定：建筑内的公共疏散楼梯，其两梯段及扶手间的水平净距离不宜小于 150 mm。

住宅建筑楼梯梯井净宽大于 0.11 m 时，必须采取防止儿童攀滑的措施。

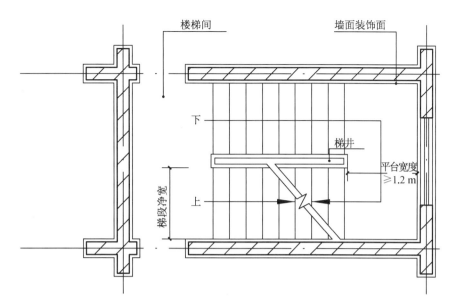

图 8-2-3　楼梯梯段、平台、梯井

宿舍建筑、中小学宿舍楼的梯井净宽不应大于 0.20 m。中小学校建筑楼梯两梯段间楼梯井净宽不得大于 0.11 m；大于 0.11 m 时，应采取有效的安全防护措施。两梯段扶手之间的水平净距宜为 0.10～0.20 m。

托儿所、幼儿园、中小学及少年儿童专用活动场所的楼梯，梯井净宽大于 0.22 m时，必须采取防止少年儿童攀滑的措施。楼梯栏杆应采取不易攀登的构造，当采用垂直杆件做栏杆时，其杆件净距不应大于 0.11 m。托儿所、幼儿园建筑楼梯井的净宽度大于 0.20 m 时，必须采取安全防护措施。

4. 楼梯段的尺寸

楼梯段尺寸分为梯段宽度和梯段长度。梯段宽度一般指墙面至扶手中心的水平距离或同一梯段两侧扶手中心之间的水平距离。梯段的宽度取决于通行人数和消防要求。按通行人数考虑时，每股人流的宽度为人的平均肩宽(550 mm)再加少许提物尺寸(0～150 mm)即 550 mm＋(0～150 mm)。按消防要求考虑时，每个楼梯段必须保证两人同时上下，即最小宽度为 1 100～1 400 mm，室外疏散楼梯其最小宽度为 900 mm。在工程实践中，由于楼梯间尺寸受建筑模数的限制，因此楼梯段的宽度往往会有一些上下浮动。楼梯尺寸计算见图 8-2-4。

楼梯段的长度即每一梯段的水平投影长度，其计算公式为：

$$梯段投影长度＝(踏步高度数量－1)×踏步宽度$$

(1) 公共建筑中楼梯段的尺寸要求

《建筑设计防火规范》(GB 50016—2014)中规定的安全疏散要求为：公共建筑疏散楼梯的净宽度不应小于 1.10 m；高层公共建筑疏散楼梯的最小净宽度应符合表 8-2-3的规定。

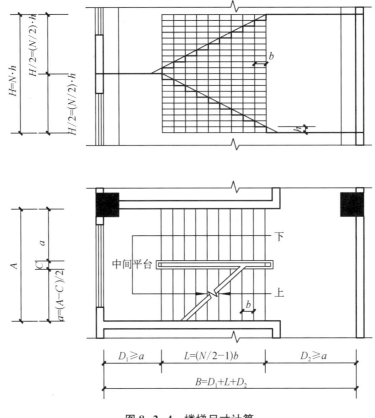

图 8-2-4　楼梯尺寸计算

表 8-2-3　高层公共建筑内疏散楼梯的最小净宽度

单位：m

建筑类别	疏散楼梯的最小净宽度
高层医疗建筑	1.30
其他高层公共建筑	1.20

（2）住宅建筑中楼梯段的尺寸要求

《建筑设计防火规范》(GB 50016—2014)中规定，住宅建筑疏散楼梯的净宽度不应小于 1.10 m。建筑高度不大于 18 m 的住宅建筑中一边设置栏杆疏散楼梯，其净宽度不应小于 1.00 m。

5. 休息平台的尺寸

（1）为保证疏散通畅以及便于搬运家具设备等，当梯段改变方向时，扶手转向端处的平台最小宽度不应小于梯段宽度，并不得小于 1.20 m，当有搬运大型物件需要时，应适量加宽。

（2）当两个楼梯段的踏步数不同时，休息平台应从梯段较长的一边计算。

（3）直跑楼梯的休息平台净宽不应小于 1.20 m。

（4）进入楼梯间的门扇应符合下列规定：当 90°开启时宜保持 0.60 m 的平台宽度。

侧墙门口距踏步的距离不宜小于 0.40 m。门扇开启不占用平台时，其洞口距踏步的距离不宜小于 0.40 m。居住建筑的距离可略微减小，但不宜小于 0.25 m。

（5）楼梯为剪刀式楼梯时，楼梯平台的净宽不得小于 1.30 m。

（6）综合医院主楼梯和疏散楼梯的休息平台深度，不宜小于 2.00 m。

（7）为方便扶手转弯，休息平台宽度宜取楼梯段宽度再加 1/2 踏步宽度。

6. 栏杆扶手的尺寸

楼梯在靠近梯井处应加栏杆或栏板，顶部做扶手。梯段栏杆扶手高度指踏步前缘线到扶手顶面的垂直距离。扶手高度位置见图 8-2-5。栏杆扶手的尺寸有以下规定：

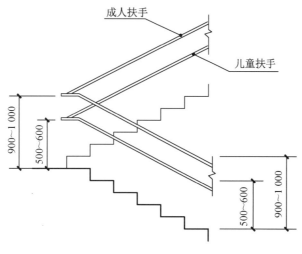

图 8-2-5　扶手高度位置

（1）室内楼梯扶手高度自踏步前缘线量起且不宜小于 0.90 m。靠楼梯井一侧水平扶手长度超过 0.50 m 时，其高度不应小于 1.05 m。

（2）梯段净宽达 3 股人流时应两侧设扶手，达 4 股人流时宜加设中间扶手。

（3）楼梯栏杆垂直杆件间净空不应大于 0.11 m。

（4）《中小学校设计规范》（GB 50099—2011）规定的中小学校建筑的楼梯扶手应符合下列规定：

① 梯段宽度为 2 股人流时，应至少在一侧设置扶手。

② 梯段宽度为 3 股人流时，两侧均应设置扶手。

③ 梯段宽度达 4 股人流时，应加设中间扶手，中间扶手两侧梯段净宽应满足相关要求。

④ 中小学校室内楼梯扶手高度不应低于 0.90 m；室外楼梯扶手高度不应低于 1.10 m；水平扶手高度不应低于 1.10 m。

⑤ 中小学校的楼梯扶手上应加设防止学生溜滑的设施。

⑥ 中小学校的楼梯栏杆不得采用易于攀登的构造和花饰；栏杆和花饰的镂空处净距不得大于 0.11 m。

（5）老年人建筑楼梯与坡道两侧离地面 0.90 m 和 0.65 m 处应设连续的栏杆与扶手，沿墙一侧扶手应水平延伸 300 mm。

（6）托儿所、幼儿园建筑楼梯除设成人扶手外，还应在靠墙一侧设幼儿扶手，其高度不应大于 0.60 m。楼梯栏杆垂直线杆件间的净距不应大于 0.11 m。

（7）养老设施建筑的楼梯两侧均应设置扶手。扶手直径宜为 30～45 mm，且在有水和蒸汽的潮湿环境时，截面尺寸应取下限值。

7. 净空高度

《民用建筑设计统一标准》(GB 50352—2019)中规定：楼梯平台上部及下部过道处的净高不应小于 2.0 m，梯段净高不应小于 2.20 m。梯段净高为自踏步前缘（包括每个梯段最低和最高一级踏步前缘线以外 0.3 m 范围内）量至上方突出物下缘间的垂直高度。梯段净高见图 8-2-6。

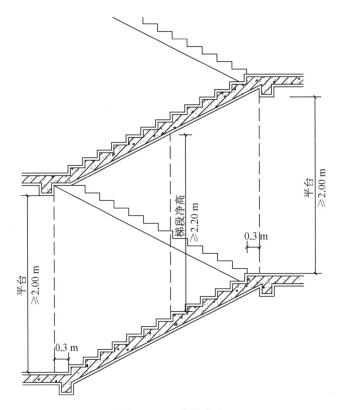

图 8-2-6 梯段净高

8.3 楼梯的细部构造

楼梯细部构造包括踏步、栏杆和栏板、扶手等，它们之间的连接处理等直接影响楼梯的安全性与美观性，在设计中应予以重视。

8.3.1 踏步

踏步由踏面和踢面构成。为了增加踏步的行走舒适感，可将踏步突出 20 mm 做成凸缘或斜面。底层楼梯的第一个踏步常做成特殊样式，或方或圆，以增加美感，栏杆或栏板也有变化，以增加多样感。踏步起步处理见图 8-3-1。

由于楼梯人流量大，使用率高，踏步表面应注意选择耐磨、防滑、美观、不起尘的材料。常见的材料有水泥砂浆面层、水磨石面层、地砖面层、石材面层、地毯面层、橡胶复合面层、木材面层、安全玻璃面层等。常用的做法与踏步表面是否抹面有关，如一般水泥砂浆抹面的踏步常不做防滑处理，而水磨石预制板或现浇水磨石面层一般采用水泥加金刚砂做的防滑条。另外，还有金属防滑条、防滑面砖、马赛克防滑条、花岗石面层机刨防滑凹槽等做法。防滑条宜高出踏步面 2～3 mm。踏步面层及防滑处理见图 8-3-2。

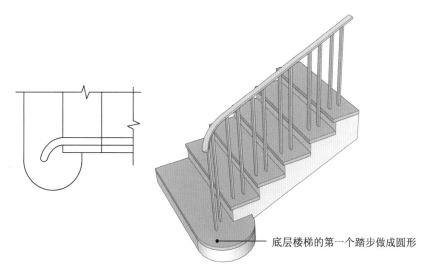

（a）圆形踏步起步

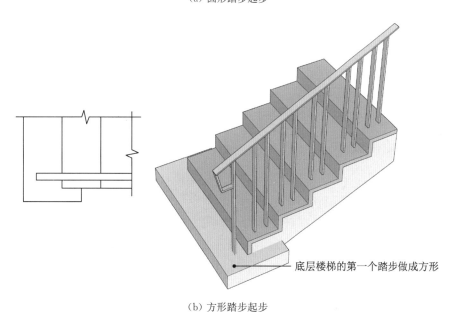

（b）方形踏步起步

图 8-3-1　踏步起步处理

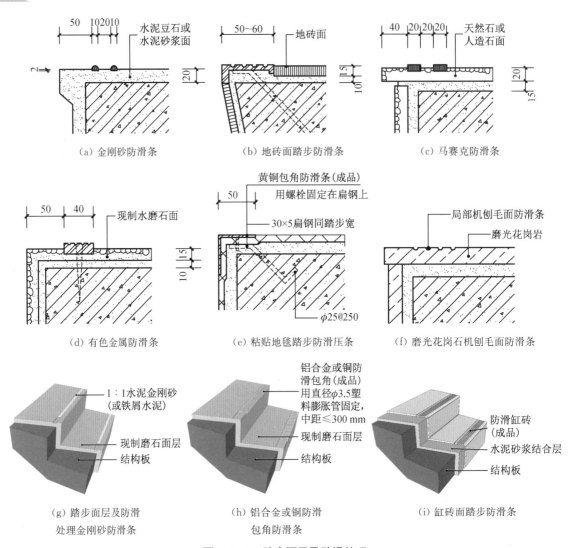

图 8-3-2 踏步面层及防滑处理

首层第一个踏步下应有基础支承。基础与踏步之间应加设地梁。地梁断面尺寸应不小于 240 mm×240 mm，梁长应等于基础长度。

8.3.2 栏杆和栏板

栏杆和栏板是保护行人上下楼梯的安全维护措施，具有拉扶功能。

1. 栏杆和栏板的形式与材料

栏杆一般为空透式，以竖向杆件作为主要受力构件，常采用钢材、木材、钢筋混凝土或其他金属等制作。栏杆可采用方钢或圆钢。居住建筑的栏杆净距不得大于 0.11 m。栏杆形式具体见图 8-3-3。

栏板有钢筋混凝土预制板或现浇栏板、钢丝网抹灰栏板和砖砌栏板。在现浇钢筋混凝土楼梯中，栏板可以与踏步同时浇筑，厚度一般不小于 80~100 mm。钢丝网抹灰栏板是在钢筋骨架的两侧焊接或绑扎钢丝网，然后抹水泥砂浆而成。砖砌栏板是用黏土砖砌成 60 mm 厚的矮墙，顶部现浇钢筋混凝土扶手以增加牢固性。栏板式取消了杆件，相较于栏杆式更加安全。钢筋混凝土栏板三维示意图见图 8-3-4。

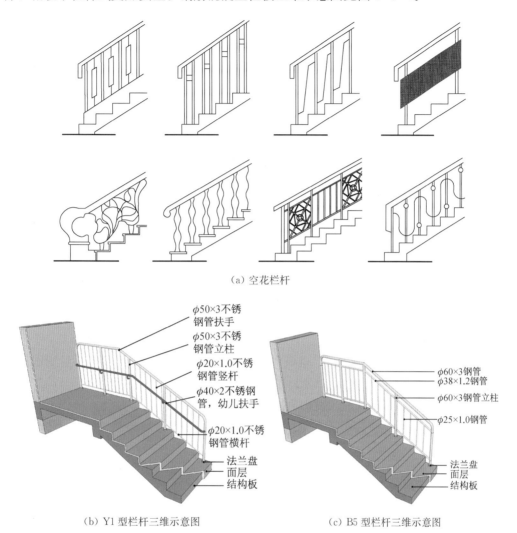

（a）空花栏杆

φ50×3不锈钢管扶手
φ50×3不锈钢管立柱
φ20×1.0不锈钢管竖杆
φ40×2不锈钢管，幼儿扶手
φ20×1.0不锈钢管横杆
法兰盘
面层
结构板

（b）Y1 型栏杆三维示意图

φ60×3钢管
φ38×1.2钢管
φ60×3钢管立柱
φ25×1.0钢管
法兰盘
面层
结构板

（c）B5 型栏杆三维示意图

图 8-3-3　栏杆形式

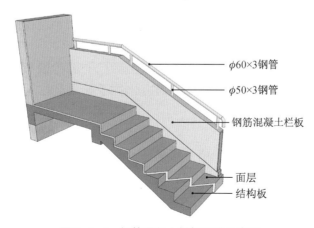

φ60×3钢管
φ50×3钢管
钢筋混凝土栏板
面层
结构板

图 8-3-4　钢筋混凝土栏板三维示意图

组合式栏杆是以上两种的组合，通常上部用空花栏杆，下部用实心栏板。栏杆竖杆常采用钢材或不锈钢等材料，栏板部分常采用强度较高的轻质美观材料，如木板、塑料贴面板、铝板、有机玻璃板或钢化夹胶玻璃板等。玻璃栏板见图 8-3-5。

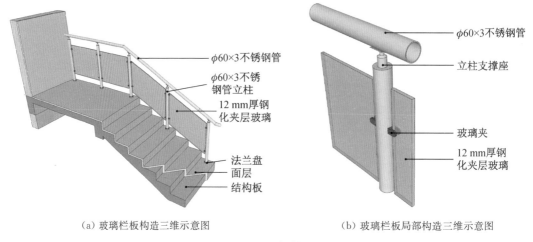

（a）玻璃栏板构造三维示意图　　　　（b）玻璃栏板局部构造三维示意图

图 8-3-5　玻璃栏板

2. 栏杆和踏步的连接

栏杆与踏步的连接有多种方法。若采用镂空的钢栏杆，则可采用以下方法：

锚固连接：把栏杆端部做成开脚或倒刺插入踏步事先预留的孔中，然后用水泥砂浆或细石混凝土嵌牢。

焊接：栏杆焊接在踏步的预埋钢板上。

栓接：栏杆靠螺栓固结在踏步板上（图 8-3-6）。

8.3.3　扶手

1. 扶手的材质

栏杆扶手供人倚扶，一般用木材、塑料、钢管等制成。扶手的断面应考虑到人的手掌尺寸，并注意断面的美观。其宽度应在 60～80 mm 之间，高度应在 80～120 mm 之间。木扶手常采用硬木制作。塑料扶手可选用生产厂家定型产品，也可另行设计加工制作。钢管扶手由于材质的可弯性，常用于螺旋楼梯、弧形楼梯。

2. 扶手与栏杆的连接

木扶手与栏杆的固定通常是将木螺丝拧在栏杆上部的铁板上，塑料扶手是卡在铁板上，钢管扶手则直接焊于栏板表面上。扶手形式及扶手与栏杆的连接构造见图 8-3-7。

3. 扶手与墙面的连接

靠墙扶手与墙的固定是预先在墙上留洞口，将扶手连接杆件伸入洞内，用细石混凝土填实。当与钢筋混凝土墙或柱连接时，一般采取预埋钢板焊接。靠墙扶手与墙面之间应留有不小于 45 mm 的空隙，以便扶握。扶手与墙面的连接见图 8-3-8。

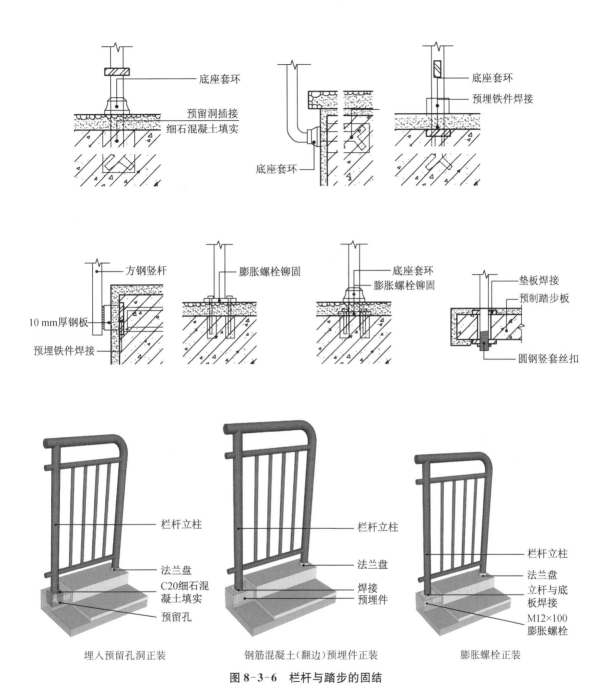

底座套环
预留洞插接
细石混凝土填实

底座套环
底座套环
预埋铁件焊接

方钢竖杆
膨胀螺栓铆固
底座套环
膨胀螺栓铆固
垫板焊接
预制踏步板
10 mm厚钢板
预埋铁件焊接
圆钢竖套丝扣

栏杆立柱
法兰盘
C20细石混凝土填实
预留孔
埋入预留孔洞正装

栏杆立柱
法兰盘
焊接
预埋件
钢筋混凝土(翻边)预埋件正装

栏杆立柱
法兰盘
立杆与底板焊接
M12×100膨胀螺栓
膨胀螺栓正装

图 8-3-6 栏杆与踏步的固结

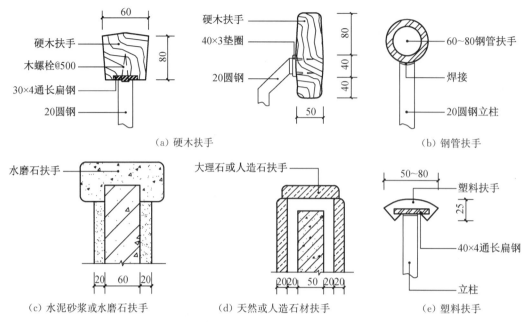

图 8-3-7　扶手形式及扶手与栏杆的连接构造

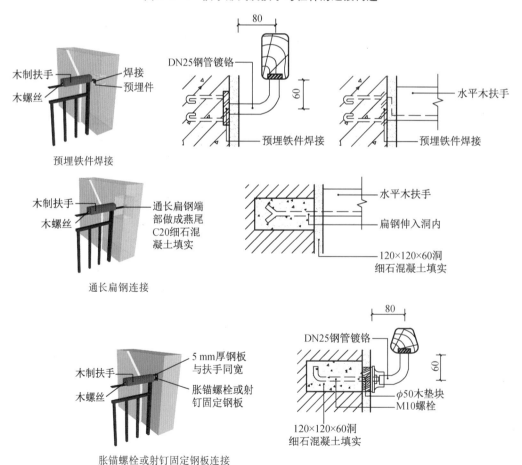

图 8-3-8　扶手与墙面连接

8.4　台阶与坡道

8.4.1　台阶

室外台阶与坡道是在建筑物出入口处联系室内外地坪的交通联系部件。台阶主要包括踏步和平台两个部分。

1. 台阶尺寸

台阶踏步级数应根据室内外地坪的高差来决定。由于处于室外，台阶踏步的宽度应比楼梯踏步宽度大一些，使坡度平缓，以提高行走的舒适度。公共建筑室内外台阶踏步宽度不宜小于 0.30 m，踏步高度不宜大于 0.15 m，并不宜小于 0.10 m。在台阶与建筑大门之间，需设一级缓冲平台，平台深度一般不小于门扇的宽度，一般不小于 1 000 mm。台阶的长度应大于门的总宽度，且可以做成多种形式。室外台阶踏步应采取防滑措施，平台需做 1%～4% 的坡度，以利于排出雨水。台阶尺度见图 8-4-1。

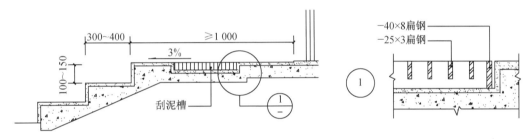

图 8-4-1　台阶尺度

室内台阶踏步数不宜少于 2 级，当高差不足 2 级时，应按坡道设置。室外台阶等于或超过 4 级（无障碍楼梯超过 3 级）踏步时，两侧应设有扶手。

台阶总高度超过 0.7 m 时，应在临空面采取防护设施。

2. 台阶构造

混凝土台阶由面层、混凝土结构层和垫层组成。

面层材料可选用水泥砂浆、细石混凝土、水磨石、天然石材、缸砖、防滑地面砖等。这些材料防滑性和耐久性较好，能够抵抗室外的雨水侵蚀。

步数较少的台阶，其垫层做法与地面垫层做法类似，可采用灰土、三合土或碎石碎砖等。步数较多或地基土质差的台阶，可根据情况架空成钢筋混凝土台阶，以避免过多填土或产生不均匀沉降。台阶的类型及构造见图 8-4-2。

8.4.2　坡道

建筑物出入口处需通行车辆或需进行无障碍设计时，可采用坡道来联系室内外高差（图 8-4-3）。

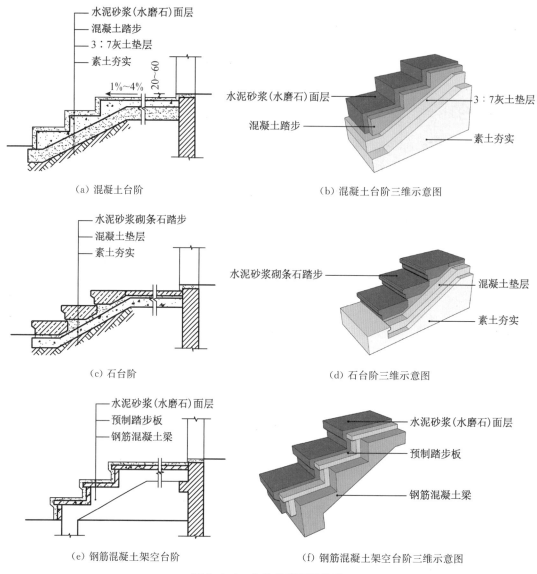

（a）混凝土台阶　　　　　　　　　（b）混凝土台阶三维示意图

（c）石台阶　　　　　　　　　　（d）石台阶三维示意图

（e）钢筋混凝土架空台阶　　　　（f）钢筋混凝土架空台阶三维示意图

图8-4-2　台阶的类型及构造

图8-4-3　坡道

坡道坡度一般在 1：12～1：8 之间。室内坡道坡度不宜大于 1：8，室外坡道坡度不宜大于 1：10。当室内坡道水平投影长度超过 15.0 m 时，宜设休息平台，平台宽度应根据使用功能或设备尺寸所需缓冲空间而定。

坡道应采取防滑措施，坡道中间休息平台的水平长度不应小于 1.50 m。坡道休息平台的最小深度见图 8-4-4。

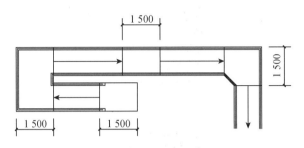

图 8-4-4 坡道休息平台的最小深度

当坡道总高度超过 0.7 m 时，应在临空面采取防护设施。

供轮椅使用的坡道应符合现行国家标准《无障碍设计规范》(GB 50763—2012)的有关规定。

机动车和非机动车使用的坡道应符合现行行业标准《车库建筑设计规范》(JGJ 100—2015)的有关规定。汽车库机动车行车坡道的具体数据见表 8-4-1。

表 8-4-1 坡道的最大纵向坡度

车型	直线坡道		曲线坡道	
	百分比/%	比值(高：长)	百分比/%	比值(高：长)
微型车 小型车	15.0	1：6.67	12	1：8.30
轻型车	13.3	1：7.50	10	1：10.00
中型车	12.0	1：8.30		
大型客车 大型货车	10.0	1：10.00	8	1：12.50

非机动车库踏步式出入口推车斜坡的坡度不宜大于 25%，坡道式出入口推车斜坡的坡度不宜大于 15%。

8.5 电梯、自动扶梯和自动人行道

8.5.1 电梯

电梯是建筑物中的垂直交通设施，见图 8-5-1。

图 8-5-1　电梯

1. 电梯的类型

(1) 按使用性质分

客梯：主要用于人们在建筑物中上下楼层的联系。

货梯：主要用于运送各种货物、设备等。

消防电梯：主要用于在发生火灾、爆炸等紧急情况下消防人员紧急救援使用。

(2) 按电梯行驶速度分

高速电梯：速度大于 2 m/s，梯速随层数增加而提高。目前世界上电梯的最高速度可达到 20 m/s 以上。

中速电梯：速度在 2 m/s 以内，一般货梯按中速考虑。

低速电梯：运送食物的电梯常用低速，速度在 1.5 m/s 以内。

(3) 其他分类

随着科技的进步，还出现了很多具有特殊功能或性质的电梯，如景观电梯、无机房电梯、液压电梯等。

2. 电梯的组成

电梯的设备组成包括轿厢和机房设备，土建组成包括底坑（地坑）、井道和机房设备。轿厢直接供载人或载货之用，多采用金属框架结构，其内部用材应考虑美观、耐用、易于清洗。电梯井道是电梯运行的垂直通道，井道底坑在最底层平面标高以下，一般不小于 1.4 m，作为轿厢下降时所需的缓冲器的安装空间。机房设备由平衡重、垂直轨道、提升机械、升降控制系统、安全系统等部件组成。

3. 电梯的细部构造

(1) 电梯井道

每个电梯井道平面净空尺寸需根据选用的电梯型号要求确定，一般为（1 800～

2 500)mm×(2 100~2 600)mm。在医院和住宅建筑中有无障碍设计要求时，需满足能容纳担架的电梯井道和轿厢的尺寸。一般高层建筑的电梯井道可采用整体现浇钢筋混凝土，导轨依靠导轨支架固定在井道内壁上。多层和小高层的电梯井道，除了现浇之外，也有采用框架结构的。

一般的电梯轿厢在井道中运行，上下都需要一定的空间供吊缆牵引和检修需要，因此规定电梯井道在顶层停靠层必须有4.5 m以上的高度，电梯底层以下也需要留有深度不小于1.4 m的底坑，供电梯缓冲之用。

电梯井道、底坑和顶板应坚固，应采用耐火极限不低于1.00 h的不燃烧体。井道厚度，采用钢筋混凝土墙时，不应小于200 mm；采用砌体承重墙时，不应小于240 mm。电梯井道构造见图8-5-2。

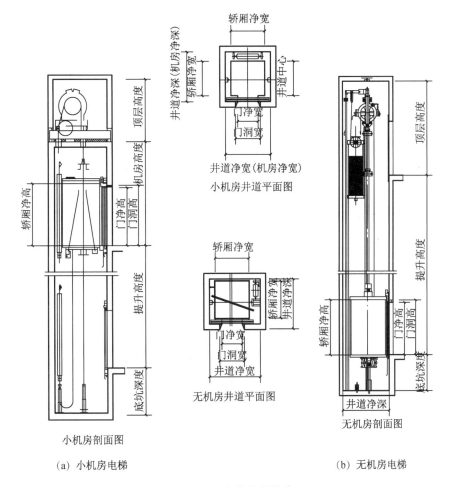

(a) 小机房电梯　　　　　　　　　　(b) 无机房电梯

图 8-5-2　电梯井道构造

（2）井道底坑

井道底坑深度一般在电梯最底层平面标高下1 400~2 000 mm左右，作为轿厢下降到最底层时所需的缓冲空间。底坑深度超过900 mm时，需根据要求设置固定金属梯或金属爬梯。金属梯或金属爬梯不得凸入电梯运行空间，且不影响电梯部件的运行。底坑深度超过 2 500 mm 时，应设带锁的检修门，检修门的高度应大于 1 400 mm，宽度应大于 600 mm。检修门应向外开启。

（3）电梯机房

电梯机房是设置曳引设备和控制系统的场所，一般设在电梯井道的顶部。机房平面净空尺寸变化幅度很大，为(1 600～6 000)mm×(3 200～5 200)mm，需根据选用的电梯型号要求确定。电梯机房高出顶层楼面 4 000～4 800 mm 左右，当机房高出屋面有困难时，也可将机房设置在底层或中间层，称之为下机房。

机房地面应平整、坚固、防滑和不起尘。机房地面允许有不同高度，当高差大于 0.5 m 时，应设防护栏杆和钢梯。

通向机房的通道、楼梯和门的宽度不应小于 1 200 mm，门的高度不应小于 2 000 mm。楼梯的坡度应小于或等于 45°。去电梯机房应通过楼梯到达，也可通过一段屋顶到达，但不应通过垂直爬梯。

8.5.2　自动扶梯和自动人行道

1. 自动扶梯和自动人行道的组成

自动扶梯也称为滚梯，是通过机械传动，在一定方向上能大量连续输送人流的装置，是在建筑物各楼层间不间断运输效果最佳的载客设备，适用于客运码头、地铁、航空港、商场、大型超市及公共大厅等公共场所(图 8-5-3)。

图 8-5-3　自动扶梯

自动扶梯运行原理与一般皮带运输机相似，采用机电技术，由电机、变速器以及安全制动器所组成的推动单元拖动两条环链，而每级踏板都与环链连接，通过轧辊的滚动，使踏板沿轨道循环运转。一般的自动扶梯可正逆方向运行。

自动扶梯的宽度一般有 600 mm、800 mm、1 000 mm、1 200 mm 几种，理论载客

量为 4 000 人次/h～10 000 人次/h。自动扶梯运行速度一般为 0.45 m/s～0.75 m/s，常用速度为 0.5 m/s。

自动人行道由固定电力驱动，是用于水平方向或以一定坡度输送乘客的走道设备。自动人行道包含水平式和倾斜式两种形式，具有连续工作、运输量大、水平运输距离长等特点，主要用于人流密集的公共场所如机场、车站、大型购物中心、超市等长距离的水平运输。自动人行道没有像自动扶梯那样的阶梯式的梯级构造，结构上相当于将梯级拉成水平(或倾斜角不大于 12°)的自动扶梯，且较自动扶梯简单。自动人行道见图 8-5-4。

图 8-5-4　自动人行道

2. 设计要点

自动扶梯和自动人行道不能作为安全出口。四级及以上旅馆建筑的公共部分宜设置自动扶梯。展览建筑的主要展览空间在二层或二层以上时应设置自动扶梯。大型和中型商店的营业区宜设自动扶梯和自动人行道。

自动扶梯和自动人行道出入口畅通区的宽度不应小于 2.50 m，畅通区有密集人流穿行时，其宽度应加大。自动扶梯的倾斜角度不应超过 30°，当提升高度不超过 6 m，额定速度不超过 0.5 m/s 时，倾斜角度允许增至 35°；倾斜式自动人行道的倾斜角不应超过12°。

　　自动扶梯和自动人行道的栏板应平整、光滑和无突出物；扶手带顶面距自动扶梯前缘、自动人行道踏板面或胶带面的垂直高度不应小于0.90 m；扶手带外边至任何障碍物的距离不应小于0.50 m，否则应采取措施防止障碍物引起人员伤害。扶手带中心线与平行墙面或楼板开口边缘间的距离、相邻平行交叉设置时两梯（道）之间扶手带中心线的水平距离不宜小于0.50 m，否则应采取措施防止障碍物引起人员伤害。

　　自动扶梯的梯级、自动人行道的踏板或胶带上空，垂直净高不应小于2.30 m。自动扶梯构造见图8-5-5。

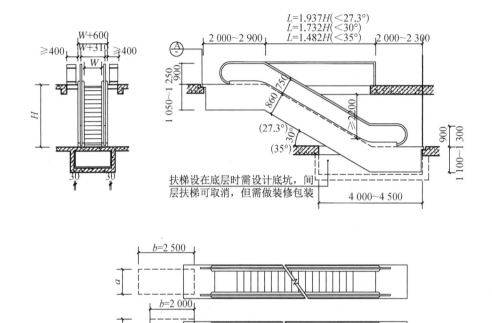

梯段缓冲面积S：当a大于梯段宽度时，b≥2 500 mm；当a大于2倍梯段宽度时，b≥2 000 mm
说明：图中所列成组的三个数字，上为27.3°时，中为30°时，下为35°时的相应尺寸。

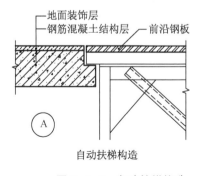

自动扶梯构造

图8-5-5　自动扶梯构造

第九章

屋顶

9.1 屋顶概述

9.1.1 屋顶的组成

屋顶由屋面面层和屋顶结构两部分组成。屋面面层应根据建筑物的性质、重要程度和使用功能，结合工程特点、气候条件等，进行防水、保温、隔热等设计。屋顶结构按材料分为钢筋混凝土结构、钢结构、木结构等，是屋顶的支承部分。

9.1.2 屋顶应满足的要求

1. 承重要求

屋顶应能承受其自重及雨雪、屋面设备、上人等所产生的荷载，并将它们通过墙、柱传递到基础。

2. 保温、隔热要求

屋顶是建筑物最上层的围护结构，它应具备较好的保温或隔热能力，以抵御自然界的风霜雨雪、太阳辐射、昼夜气温变化等各种外界不利因素对建筑物的影响。

3. 防水要求

屋面积水(积雪)后应通过屋面排水措施尽快将雨水排出；同时屋面应具备一定的抗渗能力，避免雨水渗漏影响室内。

4. 美观要求

屋顶是建筑物的重要组成部分，其形式、材料、颜色对建筑物的外观影响很大，屋顶设计应兼顾技术和艺术两大方面。

9.1.3 屋顶的形式

1. 平屋顶

平屋顶的屋面坡度小于 10%，常见坡度在 $2\%\sim5\%$ 之间。平屋顶不仅具有施工方便、经济合理的特点，还可提供多种功能，如屋顶花园、屋顶运动场、屋顶游泳池、屋顶停车场等，是广泛采用的一种屋顶形式，见图9-1-1。

（a）屋顶花园

（b）屋顶运动场

（c）屋顶游泳池

图 9-1-1 平屋顶

2. 坡屋顶

坡屋顶的屋面是由一些倾斜面相互交接而成的，交线为水平线时称为正脊，交线为倾斜凹角时称为斜天沟，交线为倾斜凸角时称为斜脊。屋面的坡度一般均大于10%，雨水容易排出。坡屋顶是我国的传统屋顶形式，广泛应用于民居等建筑。一些现代建筑在考虑景观环境或建筑风格时也常采用坡屋顶，见图9-1-2。

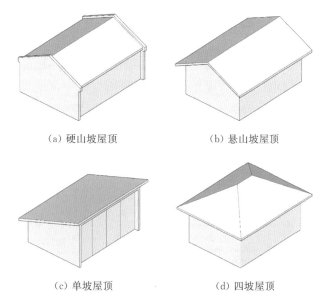

（a）硬山坡屋顶　　　　　　　　（b）悬山坡屋顶

（c）单坡屋顶　　　　　　　　　（d）四坡屋顶

图 9-1-2　坡屋顶

3. 特殊形式的屋顶

随着建筑结构的发展，建筑屋顶也发展出更多的形式，以满足不同的空间及外观的要求。如拱屋顶、薄壳屋顶、折板屋顶、桁架屋顶、悬索屋顶、网架屋顶等，见图9-1-3 特殊形式的屋顶[（a）拱屋顶、（b）悬索屋顶、（c）折板屋顶、（d）薄壳屋顶]。

（a）拱屋顶　　　　　　　　　　　　（b）悬索屋顶

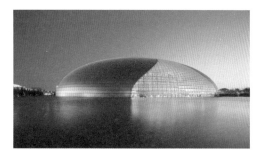

（c）折板屋顶　　　　　　　　　　　（d）薄壳屋顶

图 9-1-3　特殊形式的屋顶

9.1.4 屋面的排水坡度

为了满足排水需要，屋面应设计一定坡度。屋面坡度与当地降水量有关，我国南方地区年降雨量大，屋面坡度较大，北方地区年降雨量较小，屋面平缓些。屋面坡度也与屋面防水材料的性能有关，采用防水性能好、单块面积大、接缝少的防水材料，屋面坡度可小些；采用小青瓦、块瓦等小块面层材料，屋面坡度就应大些。

屋面坡度表示方法有百分比、高跨比和角度三种，见图 9-1-4。

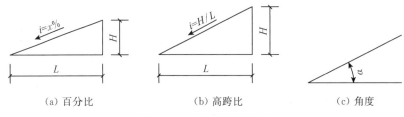

(a) 百分比　　　　　　　(b) 高跨比　　　　　　　(c) 角度

图 9-1-4　坡度表示方法

1. 百分比：高度尺寸与水平尺寸的比值，常用"i"作标记，如 $i=2\%$，$i=5\%$ 等，这种表达方式多用于平屋面。

2. 高跨比：高度尺寸与跨度尺寸的比值，如高跨比为 1∶2、1∶4 等。这种表达方式多用于坡屋面。

3. 角度：斜线与水平线之间的夹角。这种表达方式可用于平屋面及坡屋面。

9.2　平屋面

9.2.1　平屋面各构造层次的材料及作用

平屋面的构造层次有结构层、防水层、保温隔热层、找坡层、找平层、保护层等，各构造层次共同作用，满足平屋面的各项设计要求。平屋面面层构造见图 9-2-1。

1. 结构层

平屋面的结构层常用钢筋混凝土屋面板，按施工方式不同分为预制板和现浇板。现浇板整体性好，具有较好的防水、防渗漏性能，故采用现浇式屋面板为佳。

2. 找坡层

平屋面排水坡度形成的方式有结构找坡和材料找坡两种。结构找坡指屋面结构板按排水坡度倾斜设置，坡度不应小于 3%；材料找坡指选用轻质、吸水率低和有一定强度的材料进行设计找出排水坡度，坡度不应小于 2%。排水坡度三维示意图见图 9-2-2。

3. 防水层

防水层是屋面防止雨(雪)水渗透、渗漏的构造层次。屋面防水应根据建筑物的类别、重要程度、使用功能要求确定防水等级，并按相应等级进行屋面防水设计。屋面防水等级和设防要求应符合表 9-2-1 的规定。

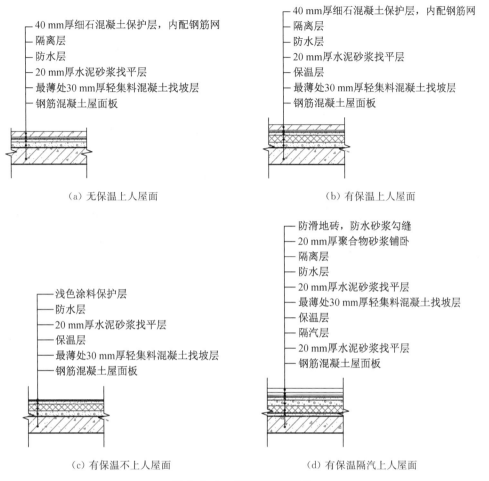

（a）无保温上人屋面

- 40 mm厚细石混凝土保护层，内配钢筋网
- 隔离层
- 防水层
- 20 mm厚水泥砂浆找平层
- 最薄处30 mm厚轻集料混凝土找坡层
- 钢筋混凝土屋面板

（b）有保温上人屋面

- 40 mm厚细石混凝土保护层，内配钢筋网
- 隔离层
- 防水层
- 20 mm厚水泥砂浆找平层
- 保温层
- 最薄处30 mm厚轻集料混凝土找坡层
- 钢筋混凝土屋面板

（c）有保温不上人屋面

- 浅色涂料保护层
- 防水层
- 20 mm厚水泥砂浆找平层
- 保温层
- 最薄处30 mm厚轻集料混凝土找坡层
- 钢筋混凝土屋面板

（d）有保温隔汽上人屋面

- 防滑地砖，防水砂浆勾缝
- 20 mm厚聚合物砂浆铺卧
- 隔离层
- 防水层
- 20 mm厚水泥砂浆找平层
- 最薄处30 mm厚轻集料混凝土找坡层
- 保温层
- 隔汽层
- 20 mm厚水泥砂浆找平层
- 钢筋混凝土屋面板

图 9-2-1 平屋面面层构造

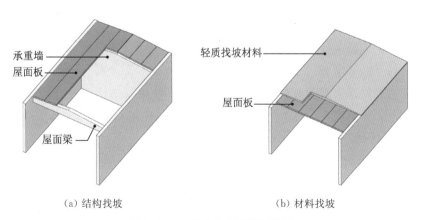

（a）结构找坡

- 承重墙
- 屋面板
- 屋面梁

（b）材料找坡

- 轻质找坡材料
- 屋面板

图 9-2-2 排水坡度三维示意图

表9-2-1　屋面防水等级、设防要求及防水做法

防水等级	建筑类别	设防要求	防水做法
Ⅰ级	重要建筑和高层建筑	两道防水设防	卷材防水层＋卷材防水层、卷材防水层＋涂料防水层、复合防水层
Ⅱ级	一般建筑	一道防水设防	卷材防水层、涂料防水层、复合防水层

常用的屋面防水层材料有防水卷材和防水涂料，它们具有一定的韧性，能允许屋面有一定变形，并能满足大部分建筑的防水需求，见图9-2-3。

（a）防水卷材　　　　　　　　　　　　（b）防水涂料

图9-2-3　常用的屋面防水层材料

防水卷材可选用合成高分子防水卷材或高聚物改性沥青防水卷材，其外观质量、品种、规格应符合国家现行有关材料标准的规定。卷材宜平行于屋脊、由低向高铺贴，上下层卷材不得相互垂直铺贴。

防水涂料可按合成高分子防水涂料、聚合物水泥防水涂料和高聚物改性沥青防水涂料选用，其外观质量、品种、型号应符合国家现行有关材料标准的规定。防水涂料应多遍均匀涂布，涂膜总厚度应符合设计要求。

复合防水层是将彼此相容的卷材和涂料组合在一起，这样可以综合两者各自的优势，相比单一的卷材或涂料而言，其防水效果更加优异。常用的有合成高分子防水卷材＋合成高分子防水涂料、聚合物改性沥青防水卷材＋合成高分子防水涂料、高聚物改性沥青防水卷材＋高聚物改性沥青防水涂料等，使用时应注意复合防水层的层次为防水涂料在下，卷材在上。

4. 保温隔热层

保温隔热层是减少屋面热交换作用的构造层次，由于屋顶是建筑中受太阳辐射最剧烈的部位，因此有效地提高屋面的保温隔热能力，可大大降低建筑的能耗。保温隔热层材料可分为块状材料、纤维材料和整体材料。块状材料有聚苯乙烯泡沫塑料板、硬质聚氨酯泡沫塑料板、泡沫玻璃保温板、加气混凝土砌块、泡沫混凝土砌块等；纤维材料有玻璃棉制品、岩棉制品、矿渣棉制品等；整体材料有喷涂硬泡聚氨酯、现浇泡沫混凝土等，见图9-2-4。

（a）聚苯乙烯泡沫塑料板

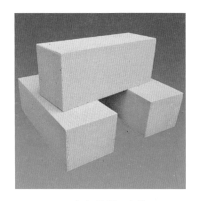
（b）加气混凝土砌块

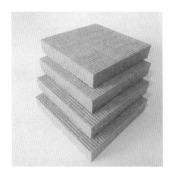
（c）岩棉保温板

（d）喷涂硬泡聚氨酯

图 9-2-4　保温材料

5. 找平层

设置找平层是为了使平屋面的基层平整，保证防水层能平整铺贴。找平层的材料一般为水泥砂浆或细石混凝土，找平层宜设分隔缝，并嵌填密封材料，如保温层上的找平层，其分格缝宽宜为 5~20 mm，纵横缝的间距不宜大于 6 m。

6. 隔汽层

在严寒及寒冷地区且室内空气湿度大于 75%，其他地区室内空气湿度常年大于 80%，或采用纤维状保温材料时，保温层下部应选用气密性、水密性好的材料做隔汽层。温水游泳池、公共浴室、厨房操作间、开水房等的屋面应设置隔汽层。隔汽层可采用防水卷材或涂料，并宜选择其蒸汽渗透阻较大者。

7. 隔离层

隔离层是消除材料之间黏结力、机械咬合力等相互作用的构造层次。块体材料、水泥砂浆、细石混凝土保护层与卷材、涂膜防水层之间，应设置隔离层。块体材料、水泥砂浆保护层可选用塑料膜、土工布、卷材做隔离层，细石混凝土保护层可选用低强度等级砂浆做隔离层。

8. 保护层

保护层是对防水层或保温层等起防护作用的构造层次，能防止风吹日晒、上人踩踏等对防水层、保温层的破坏。上人屋面的保护层可采用块体材料、细石混凝土等材料，不上人屋面的保护层可采用浅色涂料、铝箔、矿物粒料、水泥砂浆等材料。采用块体材料做保护层时，宜设分格缝，其纵横间距不宜大于 10 m，分格缝宽宜为 20 mm，并应用密封材料嵌填；采用水泥砂浆做保护层时，表面应抹平压光，并应设表面分格缝，分格面积宜为 1 m^2；采用细石混凝土做保护层时，表面应抹平压光，并应设表面分格缝，其纵横缝的间距不应大于 6 m，分格缝宽度宜为 10～20 mm，并应用密封材料嵌填；采用浅色涂料做保护层时，应与防水层黏结牢固，厚薄均匀，不得漏涂。块体材料、水泥砂浆、细石混凝土保护层与女儿墙或山墙之间，应预留宽度为 30 mm 的缝隙，缝内宜填塞聚苯乙烯泡沫塑料，并应用密封材料嵌填。

9.2.2　平屋面构造层次的确定因素

平屋面的构造层次及常用材料的选取，与以下几个方面的因素有关：

1. 屋面是上人屋面还是非上人屋面。上人屋面应选用耐霉变、拉伸强度高的防水材料，保护层应符合上人的强度要求。

2. 屋面的找坡方式是结构找坡还是材料找坡。材料找坡应设置找坡层，结构找坡可取消找坡层。

3. 屋面所处房间是湿度大的房间还是正常湿度的房间。湿度大的房间应做隔汽层，一般湿度的房间则不做隔汽层。

4. 屋面做法是正置式做法(防水层在保温隔热层上部)还是倒置式做法(保温隔热层在防水层上部)。

5. 屋面所处地区是北方地区(以保温做法为主)还是南方地区(以通风散热做法为主)，地区不同，构造做法也不一样。

9.2.3　倒置式平屋面

倒置式平屋面是将保温层设置在防水层上的屋面，它的基本构造层次自下而上为：结构层、找坡层、找平层、防水层、保温层、隔离层和保护层，见图 9-2-5。

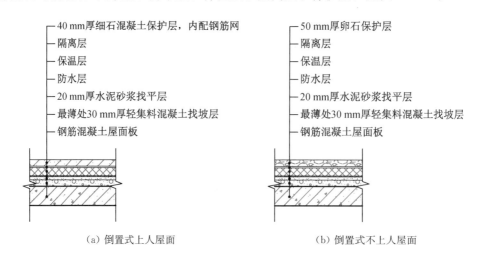

（a）倒置式上人屋面　　　　　　　　　　（b）倒置式不上人屋面

图 9-2-5　倒置式平屋面面层构造

　　传统屋面保温材料如水泥膨胀珍珠岩、水泥蛭石、岩棉等都是非憎水型材料，这类保温材料吸湿后，其导热系数陡增，大大降低了保温性能，所以这类保温材料的屋面需要将防水层做在保温层之上，而施工过程中很难做到将保温层、找平层中多余的水汽全部排出后再做防水层。采用排汽屋面则需要在屋面伸出大量排汽孔，不仅影响屋面使用和美观，而且会破坏防水层的整体性。随着材料科学的发展，聚苯乙烯、聚氨酯等憎水型保温材料的发展应用，为倒置式屋面的设计应用提供了材料基础。倒置式屋面较正置式屋面的主要优点是：能使防水层有效避免温度变化引起的热胀冷缩现象，延长防水层的使用寿命；保温层对防水层提供一层物理性保护，避免其受到外力破坏，导致屋面渗漏。

　　倒置式屋面应符合以下构造要求：防水等级应为Ⅰ级；屋面坡度不宜小于3%；保温隔热材料宜选用板状制品，且具有良好的憎水性或高抗湿性；应做好保温层的排水处理；保温层上面宜采用块体材料或细石混凝土做保护层，见图9-2-6。

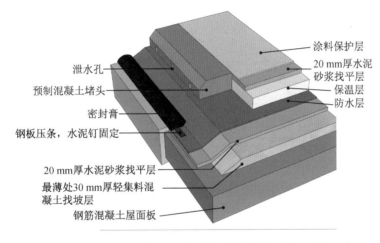

图9-2-6　不上人倒置式平屋面挑檐构造三维示意图

图中标注（自上而下、左侧、右侧）：
- 涂料保护层
- 20 mm厚水泥砂浆找平层
- 保温层
- 防水层
- 泄水孔
- 预制混凝土堵头
- 密封膏
- 钢板压条，水泥钉固定
- 20 mm厚水泥砂浆找平层
- 最薄处30 mm厚轻集料混凝土找坡层
- 钢筋混凝土屋面板

9.2.4　平屋面排水设计

　　1. 屋面排水方式的选择应根据建筑物的屋顶形式、气候条件、使用功能等因素确定。

　　2. 屋面排水方式可分为无组织排水和有组织排水。无组织排水屋面无导水装置，雨水顺檐口自由落下，低层建筑及檐口高度小于10 m的屋面，可采用无组织排水。有组织排水是将雨水由雨水口经由水斗、雨水管等装置导入室外排水系统。有组织排水平屋面的构造方式有檐沟排水和女儿墙排水。无组织排水方案示意图见图9-2-7，有组织排水方案示意图见图9-2-8。

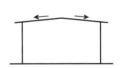

图9-2-7　无组织排水方案示意图

　　3. 有组织排水宜优先采用外排水，高层建筑、汇水面积较大的屋面应采用内排水，严寒及寒冷地区宜采用内排水。

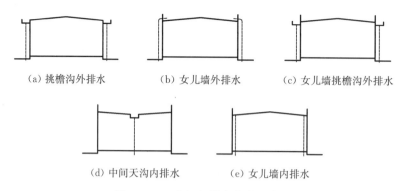

(a) 挑檐沟外排水　　　(b) 女儿墙外排水　　　(c) 女儿墙挑檐沟外排水

(d) 中间天沟内排水　　　(e) 女儿墙内排水

图 9-2-8　有组织排水方案示意图

4. 屋面应适当划分排水区，排水路线应短捷，排水顺畅。采用重力式排水时，屋面每个汇水分区内，雨水排水立管不宜少于 2 根；雨水口和雨水管的位置，应根据建筑物造型要求和屋面汇水情况等因素确定，有组织排水屋顶平面图见图 9-2-9。

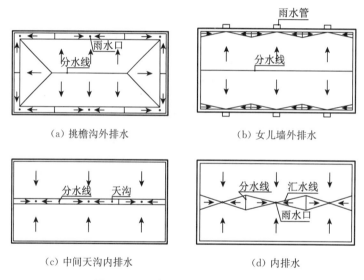

(a) 挑檐沟外排水　　　　　　　　(b) 女儿墙外排水

(c) 中间天沟内排水　　　　　　　(d) 内排水

图 9-2-9　有组织排水屋顶平面图

5. 平屋面排水坡度常为 2％～3％，檐沟、天沟的过水断面，应根据屋面汇水面积的雨水流量经计算确定。钢筋混凝土檐沟、天沟净宽不应小于 300 mm，分水线处最小深度不应小于 100 mm，沟内纵坡不小于 1％，沟底水落差不得超过 200 mm，金属檐沟、天沟的纵坡宜为 0.5％。

9.2.5　平屋面细部构造

1. 无组织排水挑檐

平屋面采用无组织排水方案时，檐口应出挑一定宽度，防止从屋面落下的雨水淋湿和沾污外墙，常用做法是将屋面结构板直接伸出外墙不小于 500 mm，防水卷材于屋面板端部做收头处理，檐口处做滴水线。平屋顶檐口挑檐构造见图 9-2-10。

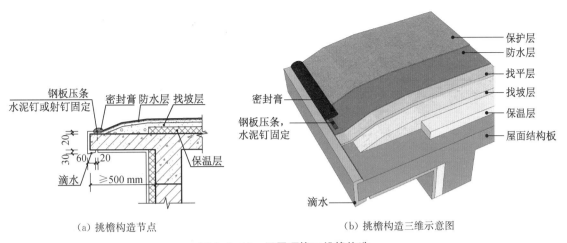

(a) 挑檐构造节点

(b) 挑檐构造三维示意图

图 9-2-10 平屋顶檐口挑檐构造

2. 檐沟

在有组织排水方案中，可在檐口处做钢筋混凝土檐沟排出雨水，檐沟内的水经雨水口流入雨水管。檐沟中应做找坡层，找出沟内排水坡度，且防水层在檐沟处应增设附加防水层，檐沟外檐板不宜高于屋面板，防止雨水口堵塞造成屋面积水，若工程设计需要做厚檐口（外檐板高于屋面结构板），则在檐沟两端应设置溢水口。钢筋混凝土檐沟构造见图 9-2-11。

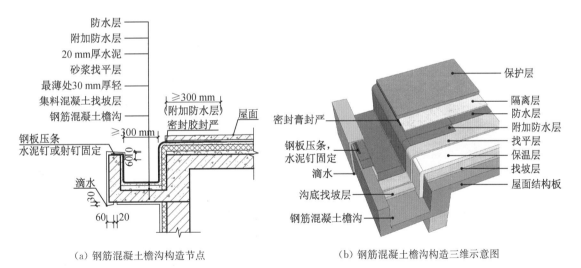

(a) 钢筋混凝土檐沟构造节点

(b) 钢筋混凝土檐沟构造三维示意图

图 9-2-11 钢筋混凝土檐沟构造

3. 泛水

凡女儿墙、管道、烟囱、屋面出入口、检查孔等伸出屋面的构件，为了防止垂直面与屋面交接处产生渗漏，将屋面防水层继续延伸向上翻起做防水处理，称为泛水。泛水高度不应小于 250 mm，垂直抹灰层与屋面找平层交接处须做成圆弧形或钝角形，以保证防水卷材粘贴牢固，泛水部位应增设一层附加防水层，垂直与水平方向均不小于 250 mm。泛水构造见图 9-2-12。

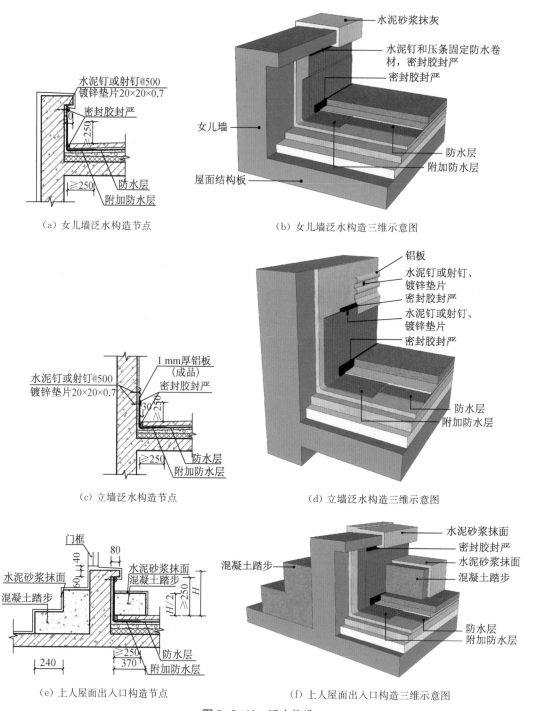

（a）女儿墙泛水构造节点　　　　　　　　（b）女儿墙泛水构造三维示意图

（c）立墙泛水构造节点　　　　　　　　　（d）立墙泛水构造三维示意图

（e）上人屋面出入口构造节点　　　　　　（f）上人屋面出入口构造三维示意图

图 9-2-12　泛水构造

4. 雨水口

屋面雨水口用于屋顶聚集雨水并将其排入雨水管。雨水斗为成品构件，檐沟板留洞和檐沟宽度应满足雨水斗的安装要求，雨水斗穿女儿墙的洞口尺寸在现场确定，也可与女儿墙同时施工埋入，雨水口处应做附加防水层。雨水口构造见图 9-2-13。

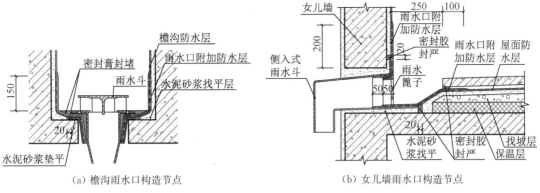

（a）檐沟雨水口构造节点　　　　（b）女儿墙雨水口构造节点

图 9-2-13　雨水口构造

5. 变形缝

由于存在建筑物的平面设计不规则或地质条件不均匀等情况，为避免因温度变化、建筑物不均匀沉降和抵抗地震作用而造成建筑物开裂，建筑中常设置变形缝。屋面变形缝的处理应兼顾满足变形和屋面防水的要求，屋面变形缝构造见图 9-2-14。

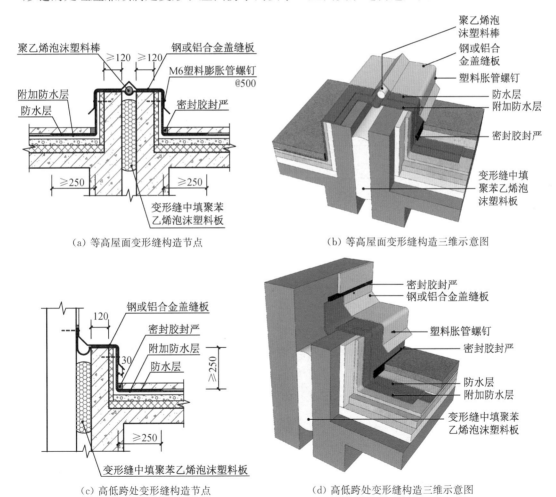

（a）等高屋面变形缝构造节点　　　　（b）等高屋面变形缝构造三维示意图

（c）高低跨处变形缝构造节点　　　　（d）高低跨处变形缝构造三维示意图

图 9-2-14　屋面变形缝构造

9.2.6 平屋面隔热构造

屋顶是建筑外围护结构中受太阳辐射影响最大的部位，因此屋面隔热设计非常重要。屋面隔热常采用浅色外饰面、铺设隔热板、架空隔热、蓄水隔热、植被隔热等构造做法。浅色外饰面可减少太阳辐射对屋面的作用，降低屋顶表面温度，达到改善屋面隔热效果的目的，可采用涂刷浅色涂料或铺设浅色面砖等措施。铺设隔热板指在屋面铺设隔热性能良好的保温隔热板材。以下内容为架空隔热、蓄水隔热、植被隔热屋面的构造做法：

1. 架空隔热屋面

架空隔热屋面是在平屋面上用支墩和架空板做空气间层，利用中间的空气间层带走热量，达到降温的目的，适用于夏季炎热和较炎热的地区。

架空屋面坡度不宜大于 5%，一般在 2%～5% 之间；架空层高度一般为 180～300 mm；当屋面深度方向宽度大于 10 m 时，应在架空隔热层中部设置通风脊；架空板与女儿墙之间应留出一定宽度的空隙，一般不小于 250 mm，综合考虑女儿墙处屋面排水构件的安装、维修及清扫，建议架空板与女儿墙之间距离加大至 450～550 mm。架空隔热屋面剖面示意图见图 9-2-15。

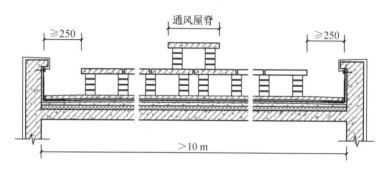

图 9-2-15 架空隔热屋面剖面示意图

架空隔热屋面自上而下的基本构造层次是：架空隔热层、保护层、防水层、找平层、找坡层、保温层和结构层，见图 9-2-16。

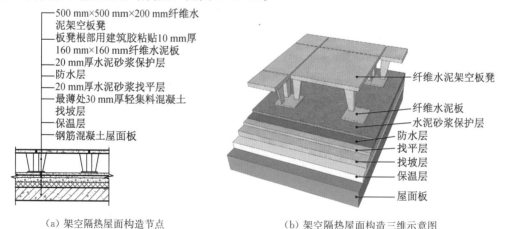

（a）架空隔热屋面构造节点 　　　　（b）架空隔热屋面构造三维示意图

图 9-2-16 架空隔热屋面构造

2. 蓄水隔热屋面

蓄水隔热屋面是在平屋顶上蓄积一定深度的水层，利用水吸收大量太阳辐射热后蒸发散热，达到降温目的。水对太阳辐射还有一定的反射作用，且热稳定性好，水层长期将防水层淹没，起保护作用。蓄水隔热屋面适用于炎热地区的一般民用建筑，不宜在寒冷地区、地震设防地区和震动较大的建筑物上采用。

蓄水隔热屋面的蓄水深度一般为 150～200 mm，蓄水池底坡度不宜大于 0.5%。为避免水层产生过大风浪，应划分为若干蓄水区，每区边长不宜大于 10 m，分区的隔墙可用混凝土或砌体砌筑，底部留过水孔。为防止暴雨时水面深度过大，应在蓄水池外壁均匀分布溢水孔，使多余的雨水溢出。蓄水隔热屋面平面示意图见图 9-2-17。

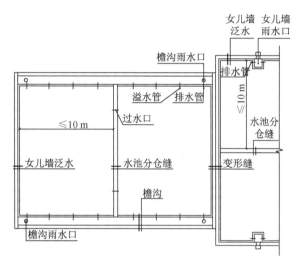

图 9-2-17　蓄水隔热屋面平面示意图

蓄水隔热屋面自上而下的基本构造层次是：蓄水层、防水砂浆抹面、钢筋混凝土水池、隔离层、防水层、找平层、找坡层、保温层和结构层，见图 9-2-18。

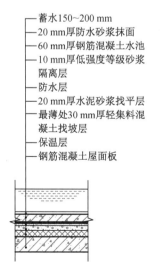

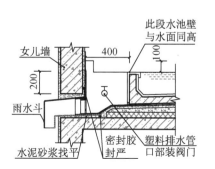

（a）蓄水隔热屋面构造节点　　　（b）蓄水隔热屋面女儿墙雨水口构造节点

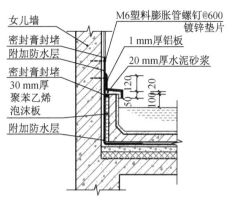

（c）蓄水隔热屋面女儿墙泛水构造节点

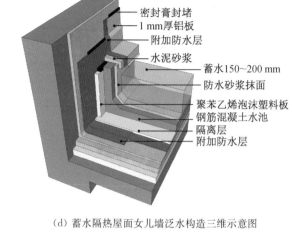

（d）蓄水隔热屋面女儿墙泛水构造三维示意图

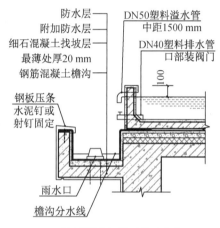

（e）蓄水隔热屋面檐沟构造节点

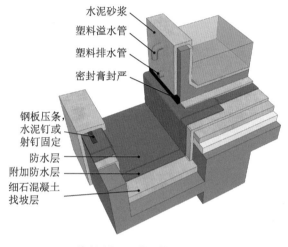

（f）蓄水隔热屋面檐沟构造三维示意图

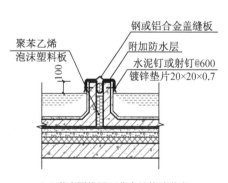

（g）蓄水隔热屋面分仓缝构造节点

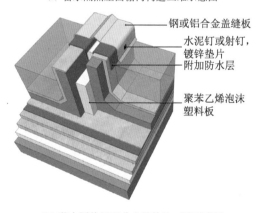

（h）蓄水隔热屋面分仓缝构造三维示意图

图 9-2-18　蓄水隔热屋面构造

3. 植被隔热屋面

植被隔热屋面又称种植屋面，是在屋面防水层上铺以种植土，并种植植物，起到隔热及保护环境作用的屋面。种植屋面不但在降温效果上优于其他屋面，而且能缓解建筑占地和绿化用地的矛盾，有利于美化环境、净化空气。

种植屋面分为花园式种植屋面和简单式种植屋面两大类，简单式种植屋面又分为种植屋面和草毯种植屋面。种植屋面的女儿墙、周边泛水和屋面檐口部位，均设置直径为 20～50 mm 的卵石隔离带，宽度为 300～500 mm，种植土与卵石隔离带之间宜用钢板网、塑料过滤板等保土滤水措施。种植屋面应做两道防水，其中必须有一道耐根穿刺防水层，普通防水层在下，耐根穿刺防水层在上，防水层做法应满足Ⅰ级防水要求，防水层的泛水应高出种植土不小于 150 mm。在屋顶平面设计时可根据植物种类及环境布局的需要做分区布置，分区用的挡墙或挡板的下部应设泄水孔，并考虑大暴雨时的应急排水措施。种植屋面平面示意图见图 9-2-19。

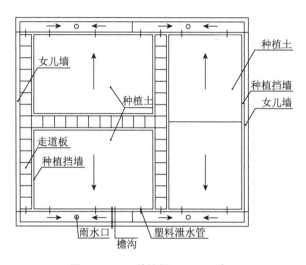

图 9-2-19　种植屋面平面示意图

种植屋面自上而下的基本构造层次是：植被层、种植土、过滤层、排（蓄）水层、保护层、耐根穿刺防水层、普通防水层、找平层、找坡层、保温层和结构层，见图 9-2-20。

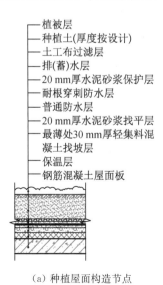

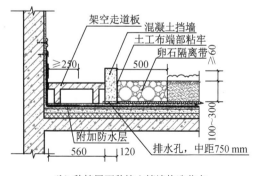

（a）种植屋面构造节点　　　　　　（b）种植屋面种植土挡墙构造节点

169

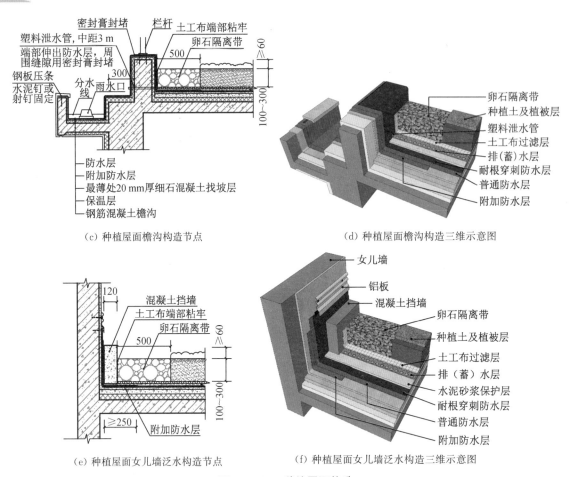

（c）种植屋面檐沟构造节点

（d）种植屋面檐沟构造三维示意图

（e）种植屋面女儿墙泛水构造节点

（f）种植屋面女儿墙泛水构造三维示意图

图 9-2-20　种植屋面构造

9.3　坡屋面

9.3.1　坡屋面各构造层次的材料及作用

坡屋面的构造层次有结构层、保温隔热层、找平层、防水层或防水垫层、持钉层、顺水条、挂瓦条、屋面面层等。

1. 结构层

建筑坡屋顶的结构形式多样，常采用的支承结构有屋架承重、横墙承重、框架结构等。坡屋面承重结构三维示意图见图 9-3-1。

屋架是由上弦、下弦、腹杆组成的在同一平面内共同受力的整体构件，坡屋顶常采用三角形或梯形屋架形式，跨度不超过 12 m 的空间可采用全木屋架，大跨度的空间可采用钢筋混凝土或钢屋架。

横墙承重建筑的开间较小，构造简单，横墙间距一般在 4 m 左右，一般是在横墙上搁置檩条，檩条上架椽子，再铺屋面板；或在横墙上直接搁钢筋混凝土屋面板。

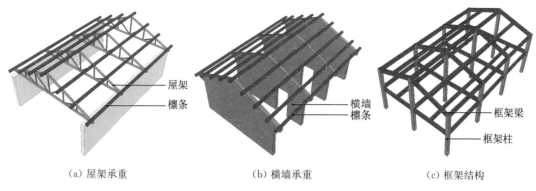

(a) 屋架承重　　　　　　　(b) 横墙承重　　　　　　　(c) 框架结构

图 9-3-1　坡屋面承重结构三维示意图

框架结构是由许多梁和柱共同组成的框架来承受屋面的质量，很多现代建筑的坡屋顶承重结构采用的是钢筋混凝土框架结构。

2. 保温隔热层

坡屋面保温隔热材料可采用硬质聚苯乙烯泡沫塑料板、硬质聚氨酯泡沫塑料板、喷涂硬泡聚氨酯、岩棉或玻璃棉等，不宜采用散状保温隔热材料。

3. 找平层

设置找平层是为了保证防水层或防水垫层平整铺贴，找平层一般选用水泥砂浆铺设。

4. 防水层或防水垫层

坡屋面设计应根据建筑物的性质、重要程度、地域环境、使用功能要求以及依据屋面防水层设计的使用年限，分为一级防水和二级防水。一级防水的防水层设计使用年限不少于 20 年，二级不少于 10 年，大型公共建筑、医院、学校等重要建筑屋面的防水等级为一级，其他为二级。防水等级为一级的瓦屋面，防水做法采用瓦＋防水层；防水等级为二级的瓦屋面，防水做法采用瓦＋防水垫层。

5. 持钉层

持钉层为能够握裹固定钉的瓦屋面构造层。持钉层为木板时，厚度不应小于 20 mm；持钉层为人造板时，厚度不应小于 16 mm；持钉层为细石混凝土时，厚度不应小于 35 mm。

6. 顺水条和挂瓦条

顺水条和挂瓦条是瓦屋面中用于固定屋面瓦的构造层次。顺水条是布置于挂瓦条下方、沿屋面坡度方向的构件，用来固定挂瓦条、架空屋面瓦，有利于屋顶通风，并可排出漏入瓦下的少量雨水；挂瓦条是用来固定屋面瓦的构件，与顺水条垂直布置，其间距按屋面瓦尺寸规格确定。顺水条和挂瓦条通常为防腐木条和金属材质的。

7. 屋面面层

坡屋面的面层材料类型多样，常用的有块瓦、沥青瓦、波形瓦、金属板等，应根据面层材料与基层种类采取相应的构造做法。

9.3.2　块瓦坡屋面

块瓦分为平瓦(含烧结瓦、混凝土瓦、石板瓦等)、小青瓦和筒瓦，见图 9-3-2。

由于块瓦的单块面积小、屋面接缝多，为保证防水效果，屋面坡度不应小于30%。块瓦坡屋面的屋面板可为钢筋混凝土板、木板或增强纤维板。平瓦屋面一般采用干法挂瓦，小青瓦、筒瓦屋面常采用卧浆固定。块瓦坡屋面构造见图9-3-3。

（a）平瓦屋面

（b）小青瓦屋面

（c）筒瓦屋面

图9-3-2　块瓦坡屋面

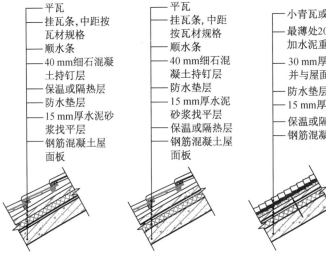

（a）平瓦屋面面层构造节点

（b）小青瓦、筒瓦屋面面层构造节点

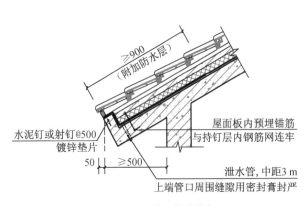

（c）平瓦屋面檐口构造节点

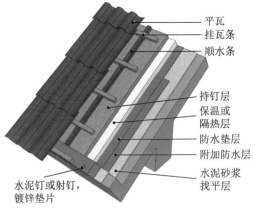

（d）平瓦屋面檐口构造三维示意图

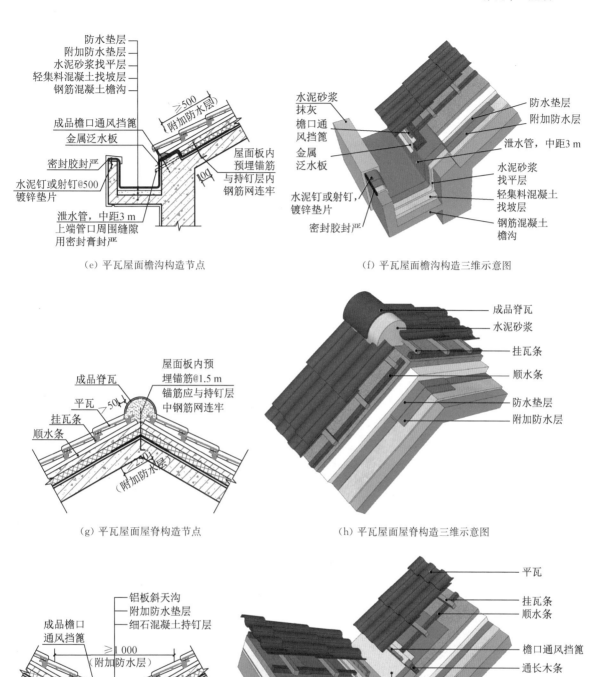

防水垫层
附加防水垫层
水泥砂浆找平层
轻集料混凝土找坡层
钢筋混凝土檐沟

成品檐口通风挡箅
金属泛水板

≥500
（附加防水层）

密封胶封严

水泥钉或射钉@500
镀锌垫片

屋面板内
预埋锚筋
与持钉层内
钢筋网连牢

100

泄水管，中距3 m
上端管口周围缝隙
用密封膏封严

（e）平瓦屋面檐沟构造节点

水泥砂浆
抹灰
檐口通
风挡箅
金属
泛水板

水泥钉或射钉，
镀锌垫片

密封胶封严

防水垫层
附加防水层

泄水管，中距3 m

水泥砂浆
找平层
轻集料混凝土
找坡层
钢筋混凝土
檐沟

（f）平瓦屋面檐沟构造三维示意图

成品脊瓦
平瓦
挂瓦条
顺水条

屋面板内预
埋锚筋@1.5 m
锚筋应与持钉层
中钢筋网连牢

50

≥20
（附加防水层）

（g）平瓦屋面屋脊构造节点

成品脊瓦
水泥砂浆
挂瓦条
顺水条
防水垫层
附加防水层

（h）平瓦屋面屋脊构造三维示意图

成品檐口
通风挡箅

铝板斜天沟
附加防水垫层
细石混凝土持钉层

≥1 000
（附加防水层）

通长木条

300

（i）平瓦屋面斜天沟构造节点

平瓦
挂瓦条
顺水条

檐口通风挡箅
通长木条
持钉层
防水垫层

铝板斜天沟
附加防水垫层

（j）平瓦屋面斜天沟构造三维示意图

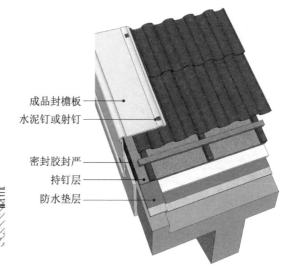

（l）平瓦屋面山墙封檐构造三维示意图

（k）平瓦屋面山墙封檐构造节点

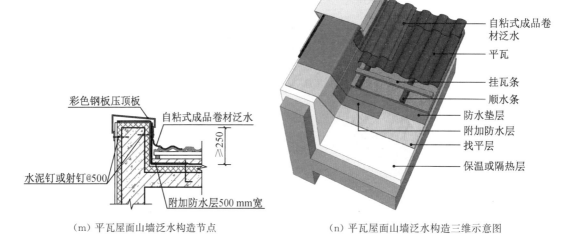

（m）平瓦屋面山墙泛水构造节点

（n）平瓦屋面山墙泛水构造三维示意图

图 9-3-3　块瓦坡屋面构造

9.3.3　沥青瓦坡屋面

沥青瓦是以玻璃纤维为胎基、经渗涂石油沥青后，一面覆盖彩色矿物粒料，另一面撒以隔离材料制成的柔性瓦状屋面的防水片材。沥青瓦坡屋面见图 9-3-4。沥青瓦分为平面沥青瓦和叠合沥青瓦，叠合沥青瓦坡屋面的立体感更强。沥青瓦的规格一般为 1 000 mm×333 mm，厚度不小于 2.6 mm，平均每平方米用量为 7 片。沥青瓦的固定方式以钉为主，黏结为辅，沥青瓦坡屋面的屋面板宜为钢筋混凝土屋面板或木屋面板，屋面坡度不应小于 20%。沥青瓦坡屋面构造见图 9-3-5。

（a）沥青瓦坡屋面　　　　　　　　（b）沥青瓦

图 9-3-4　沥青瓦坡屋面

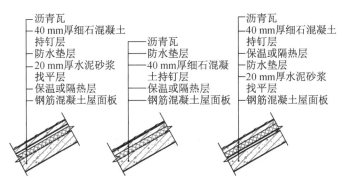

（a）沥青瓦坡屋面面层构造节点

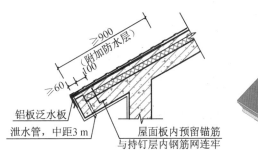

（b）沥青瓦坡屋面檐口构造节点

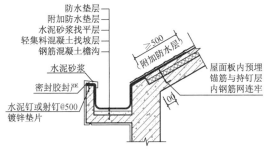

（c）沥青瓦坡屋面檐口构造三维示意图

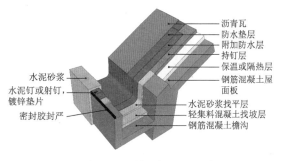

（d）沥青瓦坡屋面檐沟构造节点　　　　　（e）沥青瓦坡屋面檐沟构造三维示意图

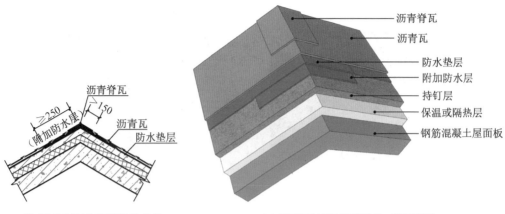

（f）沥青瓦坡屋面屋脊构造节点   （g）沥青瓦坡屋面屋脊构造三维示意图

图 9-3-5 沥青瓦坡屋面构造

9.3.4 波形瓦坡屋面

波形瓦包括沥青波形瓦、树脂波形瓦等，见图 9-3-6，适用于防水等级为二级的坡屋面。波形瓦坡屋面的屋面板宜为钢筋混凝土屋面板或木屋面板，屋面坡度不应小于 20%。波形瓦坡屋面构造见图 9-3-7。

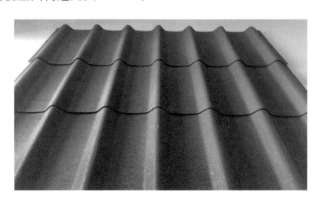

图 9-3-6 波形瓦

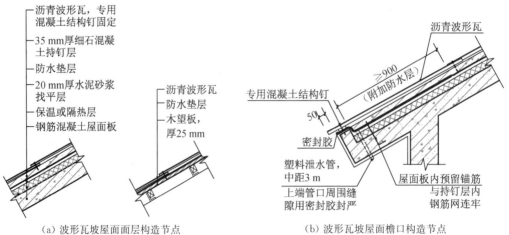

（a）波形瓦坡屋面面层构造节点   （b）波形瓦坡屋面檐口构造节点

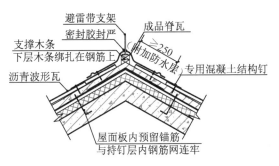

（c）波形瓦坡屋面屋脊构造节点

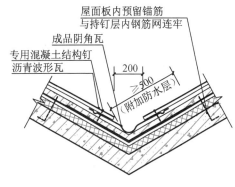

（d）波形瓦坡屋面斜天沟构造节点

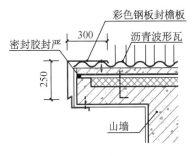

（e）波形瓦坡屋面山墙封檐构造节点

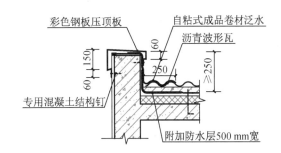

（f）波形瓦坡屋面山墙泛水构造节点

图 9-3-7　波形瓦坡屋面构造

9.3.5　防水卷材坡屋面

　　防水卷材坡屋面是指采用防水卷材设防的坡屋面，屋面不再另用防水面材。防水卷材坡屋面的屋面坡度应大于 3%，常用坡度一般不大于 25%，适用于钢筋混凝土屋面板、木屋面板、压型钢板等，用粘贴在防水卷材上表面的瓦楞装饰条来增强坡屋面的立体感。防水卷材坡屋面面层构造节点见图 9-3-8。

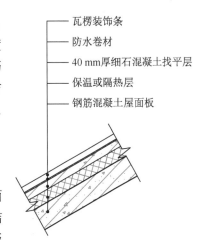

图 9-3-8　防水卷材坡屋面面层构造节点

9.3.6　金属板屋面

　　金属板屋面的板材主要包括压型金属板和金属面绝热夹芯板，金属面绝热夹芯板指由双金属面和黏结于两金属面之间的绝热芯材组成的复合板材。金属板屋面应同时满足防止屋面雨水渗漏和防止屋面构造层内冷凝水集结并渗漏的功能要求。金属板屋面在保温层下面宜设置隔汽层，在保温层的上面宜设置防水透气膜。金属板屋面的基本构造层次（自上而下）为：压型金属板、防水垫层、保温层、承托网、支承结构；上层压型金属板、防水垫层、保温层、底层压型金属板、支承结构；金属面绝热夹芯板、支承结构。金属板屋面构造见图 9-3-9。

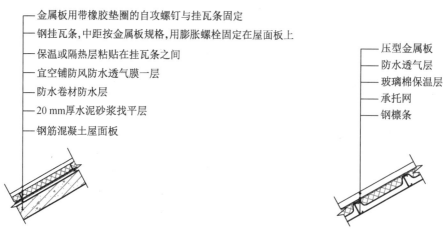

金属板用带橡胶垫圈的自攻螺钉与挂瓦条固定
钢挂瓦条,中距按金属板规格,用膨胀螺栓固定在屋面板上
保温或隔热层粘贴在挂瓦条之间
宜空铺防风防水透气膜一层
防水卷材防水层
20 mm厚水泥砂浆找平层
钢筋混凝土屋面板

（a）混凝土板基层金属板屋面构造节点

压型金属板
防水透气层
玻璃棉保温层
承托网
钢檩条

（b）单层金属板屋面构造节点

上层压型金属板
防水透气层
玻璃棉保温层
底层压型金属板
钢檩条

（c）檩条露明式双层金属板屋面构造节点

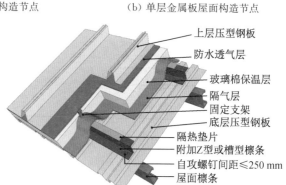

上层压型钢板
防水透气层
玻璃棉保温层
隔气层
固定支架
底层压型钢板
隔热垫片
附加Z型或槽型檩条
自攻螺钉间距≤250 mm
屋面檩条

（d）檩条露明式双层金属板屋面构造三维示意图

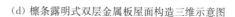

上层压型金属板
防水透气层
玻璃棉保温层
钢檩条
底层压型金属板

（e）檩条暗藏式双层金属板屋面构造节点

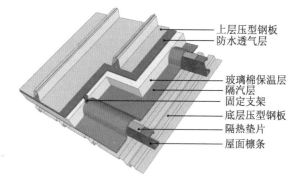

上层压型钢板
防水透气层
玻璃棉保温层
隔汽层
固定支架
底层压型钢板
隔热垫片
屋面檩条

（f）檩条暗藏式双层金属板屋面构造三维示意图

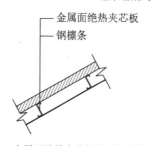

金属面绝热夹芯板
钢檩条

（g）金属面绝热夹芯板屋面构造节点

图 9-3-9　金属板屋面构造

第十章

门窗

================ **10.1 门窗概述** ================

10.1.1 门窗的作用

门窗是装置在墙洞中必不可少的重要建筑构件。门的主要作用是满足建筑室内外之间、内部房间之间的交通联系，供人们进出建筑物和房间，兼有通风和采光作用。窗的主要作用是采光、通风、眺望以及建筑立面装饰和造型。门窗属围护构件，除满足基本使用要求外，还应具有保温、隔热、隔声、防水、防火、装饰等功能。

10.1.2 门窗的一般要求

1. 选用要求

《民用建筑设计统一标准》(GB 50352—2019)中规定：

(1) 门窗选用应根据建筑所在地区的气候条件、节能要求等因素综合确定，并应符合国家现行建筑门窗产品标准的规定。

(2) 门窗的尺寸应符合模数，门窗的材料、功能和质量等应满足使用要求。门窗的配件应与门窗主体相匹配，并应满足相应技术要求。

(3) 门窗与墙体应连接牢固，不同材料的门窗与墙体连接处应采用相应的密封材料及构造做法。

(4) 有卫生要求或经常有人员居住、活动房间的外门窗宜设置纱门、纱窗。

2. 性能方面的要求

建筑门窗面板、型材等主要构配件的设计使用年限不应低于 25 年。在性能方面，门窗设计、选用应满足以下几方面的要求：

(1) 交通、疏散方面的要求。门是联系建筑物内外交通、供人们出入的通道，故应根据建筑物的性质、人流的多少来确定门的数量、尺寸、位置、开启方向，使其能保证人流和家具物品的安全通行。

(2) 采光、通风要求。 良好的采光、通风是建筑获得舒适性和环境健康性的主要条件。窗的面积是采光、通风的必要条件，因此，需根据不同建筑物的采光要求和窗地比（窗户洞口面积与房间地面面积之比）规范要求来确定窗户的尺寸和形式。《民用建筑设计统一标准》(GB 50352—2019)规定，生活、工作的房间通风开口有效面积不应小于该房间地面面积的 1/20，厨房通风开口有效面积不应小于该房间地面面积的 1/10。应根据建筑所在地常年主导风方向选择对通风有利的窗户形式和合理的位置，以获得较好的通风效果。

(3) 抗风压性能要求。 抗风压性指外门窗在正常关闭状态下，在风压作用下不发生损坏、五金松动、开启困难等功能障碍的能力。门窗抗风压性能以定级检测压力 p_3 为分级指标，其分级应符合表 10-1-1 的规定。p_3 值越大，抗风压性越好。在其他条件相同的情况下，铝合金窗抗风压能力大于塑钢窗，推拉窗大于外平开窗。

表 10-1-1　抗风压性能分级

分级	1	2	3	4	5	6	7	8	9
分级指标 p_3/kPa	$1.0{\leqslant}p_3$ <1.5	$1.5{\leqslant}p_3$ <2.0	$2.0{\leqslant}p_3$ <2.5	$2.5{\leqslant}p_3$ <3.0	$3.0{\leqslant}p_3$ <3.5	$3.5{\leqslant}p_3$ <4.0	$4.0{\leqslant}p_3$ <4.5	$4.5{\leqslant}p_3$ <5.0	$p_3{\geqslant}5.0$

(4) 耐火性能要求。 门窗耐火性应满足耐火完整性指标，耐火完整性是指在标准耐火试验条件下，建筑门窗某一面受火时，在一定时间内阻止火焰和热气穿透或在背火面出现火焰的能力。外门窗的耐火完整性不低于 30 min。

(5) 保温隔热性能要求。 外门窗是建筑围护结构的主要散热部位，因此是围护结构保温隔热的设计重点。门窗保温性能以传热系数 K 为分级指标，其分级应符合表 10-1-2 的规定。K 值越小，保温性能越好。改善保温性能的方法主要有选择热阻大的材料和合理的门窗构造方式。

表 10-1-2　门窗保温性能分级

单位：$W/(m^2 \cdot K)$

分级	1	2	3	4	5	6	7	8	9	10
分级指标值 K	$K{\geqslant}5.0$	$5.0{>}K$ ${\geqslant}4.0$	$4.0{>}K$ ${\geqslant}3.5$	$3.5{>}K$ ${\geqslant}3.0$	$3.0{>}K$ ${\geqslant}2.5$	$2.5{>}K$ ${\geqslant}2.0$	$2.0{>}K$ ${\geqslant}1.6$	$1.6{>}K$ ${\geqslant}1.3$	$1.3{>}K$ ${\geqslant}1.1$	$K{<}1.1$

(6) 气密和水密性能要求。 门窗是墙体的开口装置，是墙体密实的薄弱环节。门窗的气密性能以单位缝长空气渗透量 q_1 或单位面积空气渗透量 q_2 为分级指标，其分级应符合表 10-1-3 的规定。q 指标值越小，气密性能越好。

表 10-1-3　门窗气密性能分级

分级	1	2	3	4	5	6	7	8
分级指标 q_1 /[$m^3/(m \cdot h)$]	$4.0{\geqslant}q_1$ >3.5	$3.5{\geqslant}q_1$ >3.0	$3.0{\geqslant}q_1$ >2.5	$2.5{\geqslant}q_1$ >2.0	$2.0{\geqslant}q_1$ >1.5	$1.5{\geqslant}q_1$ >1.0	$1.0{\geqslant}q_1$ >0.5	$q_1{\leqslant}0.5$
分级指标 q_2 /[$m^3/(m^2 \cdot h)$]	$12{\geqslant}q_2$ >10.5	$10.5{\geqslant}q_2$ >9.0	$9.0{\geqslant}q_2$ >7.5	$7.5{\geqslant}q_2$ >6.0	$6.0{\geqslant}q_2$ >4.5	$4.5{\geqslant}q_2$ >3.0	$3.0{\geqslant}q_2$ >1.5	$q_2{\leqslant}1.5$

门窗的水密性能以严重渗漏压力差值的前一级压力差值 Δp 为分级指标，其分级应符合表 10-1-4 的规定。Δp 指标值越大，水密性能越好。

表 10-1-4　门窗水密性能分级

单位：Pa

分级	1	2	3	4	5	6
分级指标值 Δp	$100{\leqslant}\Delta p$ <150	$150{\leqslant}\Delta p$ <250	$250{\leqslant}\Delta p$ <350	$350{\leqslant}\Delta p$ <500	$500{\leqslant}\Delta p$ <700	$\Delta p{\geqslant}700$

为了提高门窗的气密、水密性，可对门窗框进行精密加工，如采用高强度五金、中空或真空玻璃，以及加强窗框与玻璃之间的密实性。

(7) 隔声性能要求。隔声性指门窗阻隔声音通过空气传播的能力，通常用 dB 来表示。外门窗隔声性能以"计权隔声量和交通噪声频谱修正量之和（$R_w + C_{tr}$）"为分级指标，内门窗隔声性能以"计权隔声量和粉红噪声频谱修正量之和（$R_w + C$）"为分级指标，其分级应符合表 10-1-5 的规定。1 级隔声性能最差，6 级最好。

表 10-1-5　门窗隔声性能分级

单位：dB

分级	外门窗的分级指标值	内门窗的分级指标值
1	$20{\leqslant}R_w + C_{tr}<25$	$20{\leqslant}R_w + C<25$
2	$25{\leqslant}R_w + C_{tr}<30$	$25{\leqslant}R_w + C<30$
3	$30{\leqslant}R_w + C_{tr}<35$	$30{\leqslant}R_w + C<35$
4	$35{\leqslant}R_w + C_{tr}<40$	$35{\leqslant}R_w + C<40$
5	$40{\leqslant}R_w + C_{tr}<45$	$40{\leqslant}R_w + C<45$
6	$R_w + C_{tr}{\geqslant}45$	$R_w + C{\geqslant}45$

提高门窗隔声的方法有：提高气密性，减少缝隙传声；采用夹层玻璃、不等厚的中空玻璃、中空间距大一些的中空玻璃等。

3. 美观方面的要求。门窗的形式、材质、色彩、大小设计对建筑立面造型有较重要的影响，同时对建筑室内空间的分隔、室内界面的美观也有一定的影响。

4. 工业化、装配化的要求。门窗要满足建筑工业化生产、现场装配的需求，故在设计时尺寸规格要符合《建筑模数协调统一标准》的规定，满足标准化和模块化生产的需要。

10.2　门窗的分类

10.2.1　按开启方式分类

1. 门的分类

(1) 平开门。平开门是铰链装于门扇的一侧，与门框相连，使门扇围绕铰链轴转动的门。有单扇、双扇，向内开、向外开之分，是最常见、使用最广泛的门，见图10-2-1。

(2) 弹簧门。 它也是平开门的一种，以弹簧铰链或地弹簧代替普通铰链，借助弹簧的力量使门能自动关闭，为避免进出人流相撞，门扇上部应有明显标识，一般用于对门有自关要求的公共建筑，见图10-2-2。

图10-2-1 平开门 　　　　　　　图10-2-2 弹簧门

(3) 推拉门。 门扇沿着轨道向左或右推拉开启，有单扇、双轨双扇、多轨多扇之分。从安装方式上分上挂式、下滑式、上挂下滑相结合的三种形式，见图10-2-3。当门扇高度小于4 m时，一般采用上挂式；当门扇高度大于4 m时，一般采用下滑式。推拉门的使用可节约空间，但推拉门封闭性不好、开关会有噪声、开启速度慢，不利于疏散，一般用在居住建筑的厨房、卫生间门和工业建筑的仓库、车间大门，不能作为安全疏散口。

(4) 折叠门。 分为侧挂式折叠门和推拉式折叠门，由多扇门构成，每扇门宽500～1 000 mm，一般以600 mm为宜。侧挂式折叠门与普通平开门相似，只是门扇之间用铰链相连，一般只能挂两扇门；推拉式折叠门与推拉门相似，在门顶或门底装滑轮及导向装置，每扇门之间连以铰链，开启时通过滑轮沿着导向装置移动。折叠门开启时节省占地，但构造复杂，一般可作为商业建筑的门或公共空间中的活动隔断，见图10-2-4。

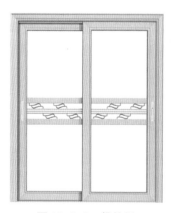

图10-2-3 推拉门 　　　　　　　图10-2-4 折叠门

(5) 旋转门。 由固定的弧形门套和垂直的门扇构成，门扇可分为三扇或四扇，绕竖轴旋转。旋转门可减少热量或冷气的流失，具有良好的保温隔热效果以及优良的密封性能。旋转门可控制人流通行量，不能作为紧急情况疏散门（建筑出口处旋转门边还需附设平开疏散门），且不适用于人流集中出入的公共建筑，大多用于大型宾馆、饭店，见图 10-2-5。

(6) 卷帘门。其门扇由条状金属帘板相互铰接组成。门洞两侧设有金属导槽，开启时由门洞上部卷动滚轴将帘板卷入上端滚筒，适用于不同大小的门洞，具有防火、防盗、开启方便、不占空间等优点。多用于商业建筑的外门，见图 10-2-6。

图 10-2-5　旋转门　　　　　　　　　　图 10-2-6　卷帘门

(7) 伸缩门。一般为电动形式，常用作公共建筑大门入口处，通常与门卫值班室相连，见图 10-2-7。

(8) 自动感应门。当有移动物体靠近门时，门能自动开启和关闭。自动感应门本身配置有感应探头，能发射出一种红外线信号或者微波信号，当此种信号被靠近的物体反射时，就会实现自动开闭。这种自动感应门广泛应用于办公楼、厂房、超市、机场等场所，见图 10-2-8。

图 10-2-7　伸缩门　　　　　　　　　　图 10-2-8　自动感应门

2. 窗的分类

(1) 平开窗。指窗扇沿水平方向开启的窗，窗扇一侧通过铰链与窗框相连，有单扇、双扇、多扇，向内开、向外开之分。平开窗构造简单，开启灵活，制作、维修均方便，是民用建筑中广泛使用的窗，见图 10-2-9。

(2) 推拉窗。指窗扇上下或者左右设导轨或滑槽、可左右或上下滑动的窗户。可分为垂直推拉窗和水平推拉窗。与平开窗相比，窗扇受力状态好，但相同的窗面积，其通风面积小一半，见图 10-2-10。

图 10-2-9　平开窗　　　　　　　　　图 10-2-10　推拉窗

（3）**悬窗**。指沿水平轴开启的窗。根据铰链和转轴位置的不同，可分为上悬窗、下悬窗和中悬窗。上悬窗铰链安装在窗扇的上边，一般向外开，防雨效果好，多用作外门和门上的亮子。中悬窗是在窗扇两边中部装水平转轴，开启时窗扇绕水平轴旋转，对挡雨、通风均有利，常用作大空间建筑的高侧窗，也可用于外窗或靠外廊的窗。下悬窗铰链安装在窗扇的下边，一般向外开，通风效果较好，不防雨，不宜用作外窗，一般用于内门上的亮子，见图 10-2-11。

（4）**百叶窗**。采用木质、金属薄片做百叶片遮挡阳光和视线，并保持自然通风。多用于卫生间、通风井等部位，见图 10-2-12。

（5）**固定窗**。无开启窗扇，只供采光和眺望用，不能通风，构造简单，密封性能好，见图 10-2-13。

图 10-2-11　悬窗　　　　　图 10-2-12　百叶窗　　　　　图 10-2-13　固定窗

10.2.2　按使用材料分类

按门窗框使用材料材质可分为木、型材（钢、铝合金、塑料、不锈钢、镀锌彩板）、玻璃以及复合材料（如铝木、塑木）等多种材质的门窗。

1. 木门窗

木门窗是以木材为主要原料制作的，如板门、拼板门、镶板门等。由于木材易腐蚀、强度低，潮湿房间以及生产过程中有碱性粉尘作用的工业建筑车间门不宜用木门窗。住宅类内门可采用钢框木门（纤维板门芯），以节约木材。镶板门适用于内门和外门，胶合板门适用于内门。镶板门的门芯板宜采用双层纤维板或胶合板。室外拼板门宜采用企口实心木板。

木门扇的宽度不宜大于 1.00 m，当宽度大于 1.00 m、高度大于 2.50 m 时，应加大断面。门洞口宽度大于 1.20 m 时，应分成双扇或大小扇。大于 5 m² 的木门应采用钢框架斜撑的钢木组合门。

2. 型材门窗

型材门窗是采用金属型材作为框料的门窗，有铝合金门窗、塑料门窗、钢门窗、不锈钢门窗、镀锌彩板门窗。

（1）铝合金门窗具有质轻、密封性好、变形小、美观、色彩多样等特点，是目前常用的门窗之一，但不适用于强腐蚀环境。为了提高保温性能，铝合金门窗应采用断桥型材和中空玻璃等措施。

（2）塑料门窗有钢塑、铝塑、纯塑料等。塑料门窗具有美观、密闭性强、绝热性好、耐盐碱腐蚀、隔声等优点，适用于沿海地区、潮湿房间、寒冷和严寒地区。但塑料门窗线性膨胀系数较大，在大洞口外窗中使用时，应采用分樘组合等措施，以防止变形。

（3）钢门窗是用钢质型材或板材制作框、扇结构的门窗。钢门的框料与扇料有空腹与实腹两种。门框与门窗的组装方法有钢门框钢门窗和钢门框木门扇两种。钢门扇自重大，容易下沉，开关声响大，保温能力差，故应用较少。木门扇自重轻，保温、隔声较好，特别是高层建筑中采用钢筋混凝土板墙时，采用钢整木门连接方便。自 2000 年起，禁止使用不符合建筑节能要求的 32 系列实腹钢窗和 25 系列、35 系列空腹钢窗。

（4）不锈钢彩板门是用厚度在 1.0 mm 以上的不锈钢彩色钢板材料剪压加工而成的门，和普通的门外观一样，主要材料是经真空镀色的不锈钢板材，里面的填充物一般是木板、泡沫或者是蜂窝纸。一般用作入户门。

（5）镀锌彩板门窗以冷轧镀锌板为基板，涂敷耐候型高抗蚀面层，由现代化工艺制成的彩色涂层建筑外用卷板作为生产门窗的原材料。镀锌彩板门窗是节能型门窗，其镀锌基板和耐腐蚀树脂涂层确保了良好的耐腐蚀性能；冷弯成型工艺避免了焊接；门窗结构采用周边密封构造，气密、水密性能好；颜色可根据设计选择，色彩鲜艳。

3. 玻璃门窗

玻璃门窗没有门窗框，直接采用整块安全平板玻璃或由钢化玻璃直接做成门窗扇。其采光面积大，立面整洁，常用于公共建筑。玻璃门应采用光感设备自动启闭，设有醒目的拉手或其他识别标志，防止产生安全问题。

4. 复合门窗

复合门窗是采用多种材料复合而成的，有铝木、铝塑、塑钢复合门窗等类型。铝木复合门窗具有强度高、绝热性能好的特点；铝塑复合门窗，又称为断桥铝门窗，采用断桥铝型材和中空玻璃制作，具有隔热、节能、隔声、防爆、防尘、防水等特点；塑钢复合门窗具有密封性好、绝热性能好、耐腐蚀性能好等特点。

10.2.3 按功能分类

1. 防盗门窗

防盗门窗又称防盗安全门窗，在现代建筑中广泛运用，具有安全防护功能。防盗门配有防盗锁，在一定时间内可以抵抗一定条件下的非正常开启，具有一定的安全防护性能并符合相应的防盗安全级别。防盗窗是指在建筑原有窗户的基础上，附加一层具有防盗防护功能的金属网。

2. 防火门窗

防火门可以分为隔热防火门（A类）、部分隔热防火门（B类）和非隔热防火门（C类），防火窗可以分为隔热防火窗（A类）和非隔热防火窗（C类）。其中隔热防火门和隔热防火窗的耐火极限有 A3.00、A2.00、A1.50（甲级）、A1.00（乙级）、A0.50（丙级）五种。

甲级防火门主要应用于防火墙上和规范规定的其他部位；乙级防火门主要应用于疏散走道、防烟前室、防烟楼梯间、封闭楼梯间；丙级防火门主要应用于竖向井道的检查口。

防火门可以分为常开、常闭、遇火自动开启和遇火自动关闭等不同类型。防火门应采用防火门锁，从而确保消防安全。

3. 隔声门窗

隔声门窗一般采用多层复合结构材料和吸声材料制作，应用于对声环境要求比较高的礼堂、影剧院、播音室、录音室等场所。

4. 其他特种门窗

其他特种门窗包括密闭门窗、防辐射门窗、抗冲击波门窗（防爆门窗）、泄爆门窗等。

密闭门是能增强气密性的一类门的统称。主要为木质和钢质，一般用于医院、食品厂、工业厂房、实验室等对隔声、隔热、气密性要求较高的地方。密闭窗多采用增加窗扇或玻璃层数的做法，做成双层窗或双层、多层中空玻璃窗。同时，应尽量减少玻璃与窗扇之间、窗扇与窗框之间、窗框与墙体之间的缝隙，以保证窗的密闭效果。

防辐射门窗主要应用于有辐射要求的房间，如医院的摄片室。防辐射门是镶钉铅板的门，防辐射窗镶嵌铅玻璃。

抗冲击波门窗是能够抵抗工业建筑外面装置偶然发生的爆炸，保障人员生命安全和工业建筑内部设备完好，不受爆炸冲击波危害并有效地阻止爆炸危害延续的一种抗爆防护设备。防爆窗是既有防爆性能，又能兼顾建筑采光要求的特种窗，适用于军工、化工、石油、核电、航空、船舶、铁路、隧道、民爆、地下及火药炸药仓库等工业建筑及贵重品库、机要部门等有安全防护要求的民用建筑。

泄爆窗是窗框采用特种钢质（铝合金、不锈钢）材料，在建筑物内外气压差达到一定数值时，通过泄爆配件或装置使窗扇开启，向外释放气体，降低内部气压，以控制爆炸的产生或使破坏程度达到最小。泄爆窗外框采用 2.0 铝型材折弯成型，外框全封；窗扇采用 1.5 铝型材折弯制作；窗扇玻璃采用 6 mm 安全玻璃或 6+6 的夹胶安全玻璃。泄爆窗可以重复使用，泄爆后可以正常开启或者关闭。泄爆窗通常应用于工业民用厂房、锅炉房、危险品仓库等。

10.3　门窗的构造

10.3.1　门窗的构造组成和安装方式

1. 门的组成

门由门框、门扇、五金零件和附件组成。门框由上槛、中槛、中梃、下槛组成，考虑到使用方便，门大多不设下槛；门扇由上冒头、中冒头、下冒头、边框、门芯板、玻璃、门上五金组成；门的五金零件有铰链、拉手、插销、弹簧合页、门吸、移动滑轨、自动闭门器、门定位器、门锁、门轧头等；门的附件有贴脸板、筒子板、压缝条、披水板、铲口等。门的组成见图10-3-1。

2. 窗的组成

窗由窗框、窗扇、五金零件和附件组成。窗框由上槛、下槛、边框、中横框组成；窗扇由上冒头、下冒头、窗芯玻璃组成；窗的五金零件有铰链、插销、风钩、拉手、转轴、滑轮等；窗的附件有贴脸板、筒子板、压缝条、披水板、窗台板、窗帘盒等。窗的组成见图10-3-2。

图10-3-1　门的组成

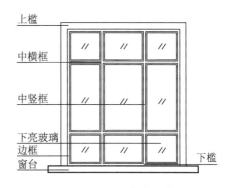

图10-3-2　窗的组成

3. 门窗框的安装方式

门窗框是门窗与建筑墙体、柱、梁等构件连接的部分，起固定作用。门窗框的安装根据施工方式的不同可分为先立口和后塞口两种。立口也称为立樘子，是在砌筑墙体的同时将门窗框的连接件砌筑固定。其优点是门窗框和墙体紧密结合；缺点是门窗安装和墙体砌筑交叉施工，施工不便，从而影响墙体施工进度。塞口也称塞樘子，是指墙体施工时不立门窗框，只预留洞口，洞口一般预留比门窗框大20～30 mm宽，待墙体完工后再安装门窗框。目前，门窗框安装基本都采用塞口的安装方式。

门框在墙中的位置，可在墙的中间或与墙的一边平齐，多与开启方向一侧平齐，尽可能使门扇开启时贴近墙面。门框四周的抹灰极易开裂脱落，因此在门框与墙结合处应做贴脸板和木压条盖缝，装修标准高的建筑，还可在门洞两侧和上方设筒子板。

门窗框与墙体的连接主要有预埋木砖、预埋铁件、膨胀螺栓等方式。较小的门窗常采用螺栓法固定，较大的门窗常采用预埋铁件焊接方法。不同材料窗框与墙体的连接方式，见图 10-3-3。

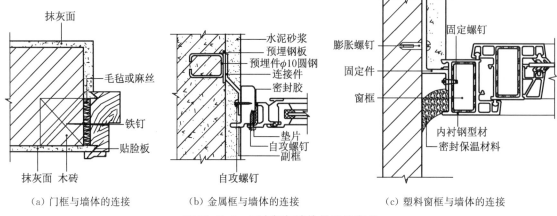

（a）门框与墙体的连接　（b）金属框与墙体的连接　（c）塑料窗框与墙体的连接

图 10-3-3　门窗框与墙体的连接方式

10.3.2　常见门窗的构造

1. 木门

木框门根据门扇的不同构造方式分为镶板门、夹板门、拼板门、玻璃门等类型。

(1) 镶板门

镶板门是门扇由边梃、上冒头、中冒头和下冒头组成骨架，内装门芯板而构成。门芯板一般采用 10～12 mm 厚的木板拼成，也可采用胶合板、硬质纤维板、塑料板、玻璃和塑料纱等。当采用玻璃时，即为玻璃门，可以是半玻门或全玻门。当门芯板换成塑料纱（或铁纱）时，即为纱门。由于纱门轻，门扇骨架用料可小些，边框与上冒头宽度可采用 30～70 mm，下冒头宽度用 30～150 mm。其特点是构造简单，适用于民用建筑、工业辅助建筑的外门和内门。镶板门节点构造见图 10-3-4。

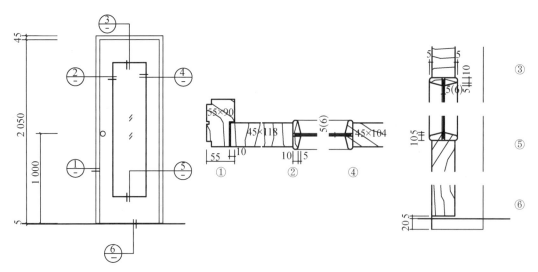

图 10-3-4　镶板门节点构造

（2）夹板门

夹板门是用一定数量的方木制作木门骨架，用胶合板、塑料面板和硬质纤维板制作面板的门。夹板门骨架一般用厚约 30 mm、宽 30～60 mm 的木料做边框，中间的肋条用厚约 30 mm、宽 10～25 mm 的木条，可以是单向排列、双向排列或密肋形式，间距一般为 200～400 mm，安装门锁处需另加上锁木。为使门扇内通风干燥，避免因内外温湿度差产生变形，在骨架上需设通气孔。形式可以是全夹板门、带玻璃或带百叶夹板门，其特点是外形简洁美观、门扇自重轻、保温隔声性能较好、节约木材，适用于民用建筑的内门。夹板门节点构造见图 10-3-5。

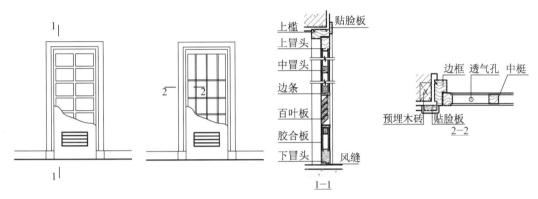

图 10-3-5 夹板门节点构造

（3）拼板门

拼板门是将一根根窄木条横向用胶拼成门扇，并进行表面砂光的门，可在其表面进行压制花纹。其特点是能消除板面翘曲不平、开裂变形现象，且能提高板材各个方向的物理强度，坚固耐用；在纹理、色泽方面整体感非常好，但木材用料较多，适用于民用建筑、工业辅助建筑的外门。拼板门节点构造见图 10-3-6。

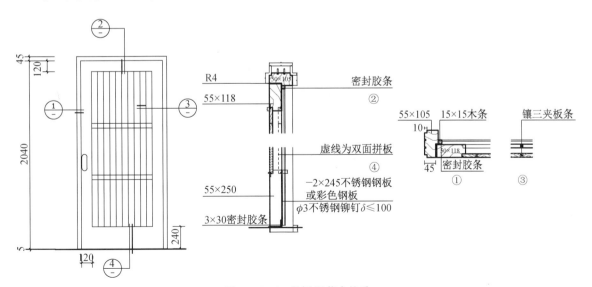

图 10-3-6 拼板门节点构造

2. 铝合金门窗

铝合金门窗是利用铝加入镁、铜、锌、硅等元素形成的合金材料制成的门窗框。铝合金门窗的系列根据门窗框的厚度构造尺寸来分类，如 50 系列铝合金平开门，其门框厚度构造尺寸为 50 mm；90 系列铝合金推拉窗，其窗框厚度构造尺寸为 90 mm。铝合金门节点构造见图 10-3-7。门窗在安装时，将门窗框在抹灰前立于门洞处，与墙内预埋件对正，然后用木楔将三边固定。经检验确定门窗框水平、垂直、无挠曲后，用连接件将铝合金框固定在墙(柱、梁)上，连接件固定可采用焊接、膨胀螺栓或射钉连接的方法。为了防止门窗框四周形成冷热交换区，产生结露，影响防寒、防风的正常功能和墙体的寿命，同时，为了避免门、窗框直接与混凝土、水泥砂浆接触造成门框腐蚀，门窗框固定好后，与门窗洞四周的缝隙一般采用软质保温材料填塞，如泡沫塑料条、泡沫聚氨酯条、矿棉毡条和玻璃丝毡条等，分层填实，外表留 5~8 mm 深的槽口，并用密封膏密封。门窗框与墙体、梁等的连接固定点，每边不得少于两点，且间距不得大于 0.7 m。在基本风压值不小于 0.7 kPa 的地区，间距不得大于 0.5 m，边框端部的第一固定点与端部的距离不得大于 0.2 m。铝合金门窗框安装详图见图 10-3-8。

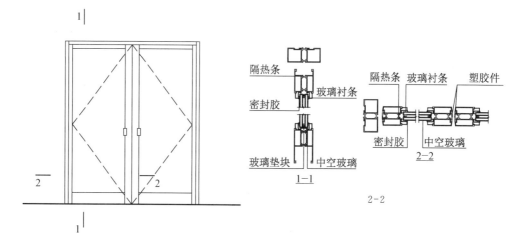

图 10-3-7 铝合金门节点构造

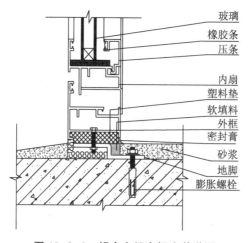

图 10-3-8 铝合金门窗框安装详图

(1) 铝合金平开窗

铝合金平开窗分为平开窗（或称合页平开窗）和滑轴平开窗，平开窗合页装于窗侧面。平开窗玻璃镶嵌可采用干式装配、湿式装配或混合装配。混合装配又分为从外侧安装玻璃和从内侧安装玻璃两种。所谓干式装配，是采用密封条嵌入玻璃与槽壁的空隙将玻璃固定。湿式装配是在玻璃与槽壁的空腔内注入密封胶填缝，密封胶固化后将玻璃固定，并将缝隙密封起来。混合装配是一侧空腔嵌密封条，另一侧空腔注入密封胶填缝密封固定。从内侧安装玻璃时，外侧先固定密封条，玻璃定位后，对内侧空腔注入密封胶填缝固定。湿式装配的水密、气密性能优于干式装配，而且当使用的密封胶为硅酮密封胶时，其寿命较密封条长。平开窗开启后，应用撑挡固定。撑挡有外开启上撑挡和内开启下撑挡。平开窗关闭后应用执手固定。铝合金内开内倒平开窗节点构造见图10-3-9。

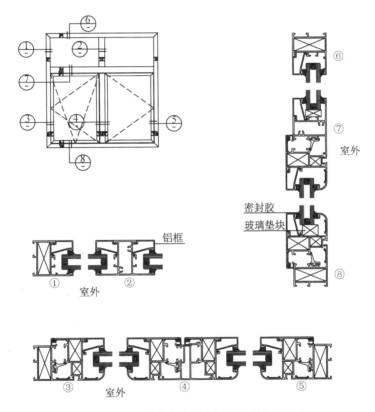

图 10-3-9　铝合金内开内倒平开窗节点构造

滑轴平开窗是在窗上下装有滑轴（撑），沿边框开启。滑轴平开窗仅开启撑挡，不同于合页平开窗。隐框平开窗玻璃不用镶嵌夹持而用密封胶固定在扇梃的外表面，使得所有框梃全部在玻璃后面，外表只看到玻璃，从而达到隐框的要求。

寒冷地区或有特殊要求的房间，宜采用双层窗，双层窗有不同的开启方式，常用的有内层窗内开、外层窗外开，也可采用双层均内开和双层均外开。

(2) 铝合金推拉窗

铝合金推拉窗有沿水平方向左右推拉和沿垂直方向上下推拉的窗，沿垂直方向推拉的窗用得较少。铝合金推拉窗外形美观、采光面积大、开启不占空间、防水及隔声效果均佳，并具有很好的气密性和水密性，广泛用于宾馆、住宅、办公、医疗建筑等。推拉窗可用拼樘料(杆件)组合其他形式的窗或门连窗。推拉窗可装配各种形式的内外纱窗，纱窗可拆卸，也可固定(外装)。推拉窗在下框或中横框两端，或在中间开设排水孔，使雨水及时排出。铝合金推拉窗节点构造见图10-3-10。

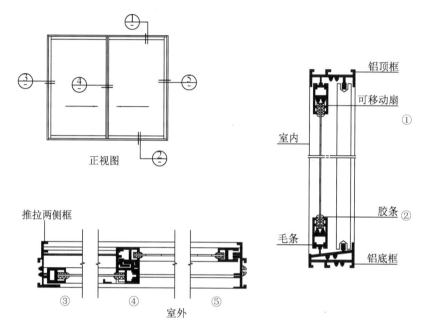

图 10-3-10 铝合金推拉窗节点构造

推拉窗常用的有 90 系列、70 系列、60 系列、55 系列等。其中，90 系列是目前广泛采用的品种，其特点是框四周外露部分均等，造型较好，边框内设内套，断面呈"己"形。70 带纱系列，其主要构造与 90 系列相仿，不过将框型材断面由 90 mm 改为 70 mm，并加上纱扇滑轨。55 系列属半压式半推拉窗(单滑轨)，它又分为 Ⅰ 型、Ⅱ 型。Ⅰ 型下滑道为单壁，Ⅱ 型下滑道的双层壁中间空腔为集水腔，由于滑道中的水下泄到集水腔内，滑道内无积水。

(3) 断热型铝合金门窗

断热型铝合金门窗采用非金属材料对铝合金型材进行断热，其型材可较大限度地降低铝合金门窗的传热系数。其构造有穿条式和灌注式两种，前者在框中间采用高强度增强尼龙隔热条，后者用聚氨基甲酸乙酯灌注，目前市场上的断热型铝合金门窗以穿条式为主。断热型铝合金门窗节点构造见图10-3-11。

(4) 彩板门窗

彩板门窗断面形式复杂，种类较多，通常在出厂前就已将玻璃装好，在施工现场进行成品安装。

彩板门窗，目前有两种类型，即带副框和不带副框这两种。当外墙面为花岗石、大理石等贴面材料时，常采用带副框的门窗。安装时先用自攻螺钉将连接件固定在副

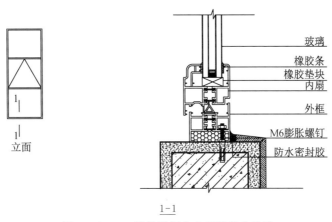

图 10-3-11　断热型铝合金门窗节点构造

框上，并用密封胶对洞口与副框及副框与窗樘之间的缝隙进行密封。当外墙装修为普通粉刷时，常用不带副框的做法，即直接用膨胀螺钉将门窗樘子固定在墙上。彩板门窗节点构造见图 10-3-12。

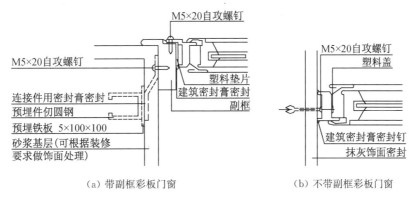

（a）带副框彩板门窗　　　　　　　　（b）不带副框彩板门窗

图 10-3-12　彩板门窗节点构造

（5）塑料门窗

塑料门窗是以聚乙烯、改性聚氯乙烯或其他树脂为主要原料，轻质碳酸钙为填料，添加适量助剂和改性剂，经压机挤成各种截面的异型空腹门窗，再根据不同的品种规格选用不同截面异型材料组装而成。开启方式有平开、推拉等。由于塑料的变形大、刚度差，一般在型材内腔加入钢或铝等，以增加抗弯能力，即为塑钢门窗。塑料门窗节点构造见图 10-3-13。

塑料门窗应采取墙上预留洞口的方法安装，不得采用边安装边砌口或先安装后砌口的施工方法。门窗框与洞口的间隙先用泡沫塑料条或油毡卷条填塞，然后用密封膏封严。窗的连接件用尼龙膨胀螺栓连接，安装缝隙在 15 mm 左右。门窗洞口尺寸应符合现行国家标准《建筑门窗洞口尺寸系列》(GB/T 5824—2021)的有关规定。对于加气混凝土墙洞口，应预埋胶黏圆木。设有预埋铁件的洞口应采用焊接方法固定，也可先在预埋件上按紧固件规格打基孔，然后用紧固件固定。当门窗采用预埋木砖法与墙体连接时，其木砖应进行防腐处理。门窗及玻璃的安装应在墙体湿作业完工且硬化后进行，

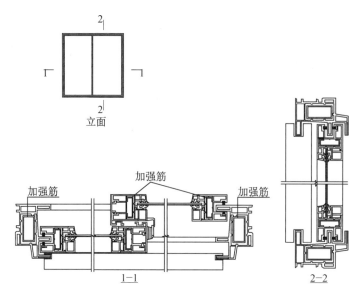

图 10-3-13　塑料门窗节点构造

当需要在湿作业前进行时，应采取保护措施。塑料门窗安装详图见图 10-3-14。

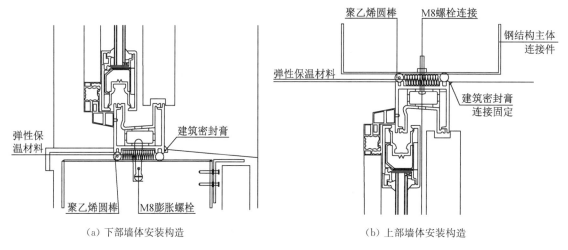

（a）下部墙体安装构造　　　　　　　（b）上部墙体安装构造

图 10-3-14　塑料门窗安装详图

10.4　建筑遮阳

　　建筑遮阳是设置在建筑物的透光围护结构（包括门窗、玻璃幕墙、采光顶等）之上，用来遮挡或调节进入室内的太阳辐射的建筑构件或安置设施。

　　1. 建筑遮阳的作用

　　采用合理的窗遮阳措施，可以防止阳光直接射入室内，减少进入室内的太阳辐射热量，特别是避免局部过热和产生眩光，以及防止物品受到阳光照射产生变质、褪色和损坏。

2. 建筑遮阳的类型和选用

建筑遮阳按照安装方法可分为固定遮阳和活动遮阳；按照与外围护结构的相对位置可分为外遮阳、内遮阳和中间遮阳。

(1) 固定遮阳： 固定在建筑物上，不能调节尺寸、形状或遮光状态的遮阳装置。向阳面的窗、玻璃门、玻璃幕墙、采光顶应设置固定遮阳装置。固定遮阳可选用阳台、外挑走廊、雨棚等建筑构件。

北回归线以南地区，各朝向门窗洞口均宜设计建筑遮阳；北回归线以北的夏热冬冷地区，除北向外的门窗洞口宜设计建筑遮阳；寒冷 B 区，东、西向和水系感热门窗洞口宜设计建筑遮阳；严寒地区、寒冷 A 区、温和地区建筑可不考虑建筑遮阳。

(2) 活动遮阳： 固定在建筑物上，能够调节尺寸、形状或遮光状态的遮阳装置。可在不同时间、季节调节遮阳角度，对于建筑节能和满足使用要求均很好。建筑门窗洞口的遮阳宜优先选用活动遮阳，如百叶窗。有时固定遮阳板对立面造型的影响很大，也可使用活动遮阳。冬季有采暖需求房间的门窗洞口需设置遮阳时宜采用活动遮阳，且宜设置在室外。目前，智能百叶窗的出现，既能根据内外环境(阳光、风雨、空气质量)等变化进行智能联动控制，调节遮阳角度，又能吸收能量来发电。

(3) 外遮阳： 设置在建筑物外侧的遮阳装置，分为固定外遮阳和活动外遮阳。

固定外遮阳又分为水平遮阳、垂直遮阳、组合遮阳和挡板遮阳等形式。水平遮阳是位于建筑门窗洞口上部，水平伸出的板状建筑遮阳构件。水平遮阳能够遮挡高度角较大的、从窗口上方射来的阳光。适用于南向窗口和北回归线以南的低纬度地区的北向窗口，见图 10-4-1。垂直遮阳是位于建筑门窗洞口两侧，垂直伸出的板状建筑遮阳构件。垂直遮阳能够遮挡高度角较小的、从窗口两侧射来的阳光。适用于东北、西北及北回归线以南地区的北向门窗洞口，见图 10-4-2。组合遮阳是在门窗洞口的上部设水平遮阳、两侧设垂直遮阳的组合式遮阳构件。组合遮阳能遮挡高度角中等、从窗口上方和左右两侧射来的阳光。适用于东南、西南的窗口及北回归线以南、低纬度地区的北向窗口，见图 10-4-3。挡板遮阳是门窗洞口前方设置的与门窗洞口面平行的板状建筑遮阳构件。挡板遮阳能够遮挡高度角较小的、正射窗口的阳光，适用于东、西向的门窗洞口，见图 10-4-4。

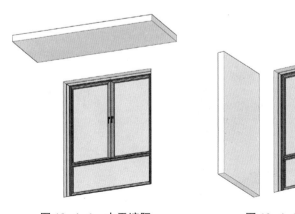

图 10-4-1　水平遮阳　　　　　　图 10-4-2　垂直遮阳

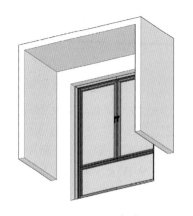

图 10-4-3　组合遮阳　　　　　　　图 10-4-4　挡板遮阳

　　活动外遮阳有遮阳卷帘、活动百叶遮阳、遮阳篷、遮阳纱幕等形式。遮阳卷帘可以根据需要上下升降，适用于各个朝向的窗户，见图 10-4-5；活动百叶遮阳既可以升降，也可以调节角度，在遮阳和采光、通风之间达到了平衡，见图 10-4-6；遮阳篷是采用卷取方式使软性材质的帘布向下倾斜与水平面夹角在 0°～15°范围内伸展、收回的遮阳装置，见图 10-4-7；遮阳纱幕紧贴着窗户外侧，其材料主要为玻璃纤维，既能遮挡阳光辐射，又能根据材料稀疏度控制可见光的进入量，并能避免眩光的干扰，见图 10-4-8。

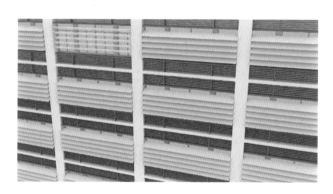

图 10-4-5　遮阳卷帘　　　　　　　图 10-4-6　活动百叶遮阳

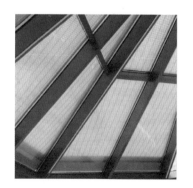

图 10-4-7　遮阳篷　　　　　　　　图 10-4-8　遮阳纱幕

3. 建筑遮阳的设计

（1）建筑遮阳设计，应根据当地的地理位置、气候特征、建筑类型、建筑功能、建筑造型、透明围护结构朝向等因素，选择适宜的遮阳形式，并宜选择外遮阳。

（2）遮阳设计应兼顾采光、视野、通风、隔热和散热功能，严寒、寒冷地区应不影响建筑冬季的阳光入射。

（3）建筑不同部位、不同朝向遮阳设计的优先次序可根据其所受太阳辐射照度，依次选择屋顶水平天窗（采光顶），西向、东向、南向窗；北回归线以南地区必要时还宜对北向窗进行遮阳。

（4）遮阳设计应进行夏季和冬季的阳光阴影分析，以确定遮阳装置的类型。

（5）建筑遮阳应与建筑立面、门窗洞口构造一体化设计。

（6）采用内遮阳和中间遮阳时，遮阳装置面向室外侧宜采用能反射太阳辐射的材料，并可根据太阳辐射情况调节其角度和位置。

（7）遮阳装置应构造简洁、经济实用、耐久美观，便于维修和清洁，并应与建筑物整体及周围环境相协调。

（8）建筑遮阳构件宜为百叶状或网格状。实体遮阳构件宜与建筑窗口、墙面和屋面之间留有间隙。

（9）建筑遮阳构件宜与太阳能热水系统和太阳能光伏系统相结合，进行太阳能利用与建筑一体化设计。

参考文献

［1］中华人民共和国住房和城乡建设部.混凝土结构设计规范:GB 50010—2010［S］.北京：中国建筑工业出版社,2011.

［2］中华人民共和国住房和城乡建设部.民用建筑隔声设计规范:GB 50118—2010［S］.北京:中国建筑工业出版社,2011.

［3］中华人民共和国住房和城乡建设部.中小学校设计规范:GB 50099—2011［S］.北京:中国建筑工业出版社,2012.

［4］中华人民共和国住房和城乡建设部.无障碍设计规范:GB 50763—2012［S］.北京:中国建筑工业出版社,2012.

［5］中华人民共和国住房和城乡建设部.车库建筑设计规范:JGJ 100—2015［S］.北京:中国建筑工业出版社,2015.

［6］中华人民共和国住房和城乡建设部.建筑防火通用规范:GB 55037—2022［S］.北京:中国计划出版社,2023.

［7］中华人民共和国住房和城乡建设部.民用建筑热工设计规范:GB 50176—2016［S］.北京:中国建筑工业出版社,2017.

［8］中华人民共和国住房和城乡建设部.民用建筑通用规范:GB 55031—2022［S］.北京:中国建筑工业出版社,2023.

［9］中华人民共和国住房和城乡建设部.民用建筑设计统一标准:GB 50352—2019［S］.北京:中国建筑工业出版社,2019.

［10］杨维菊.建筑构造设计(上册)［M］.北京:中国建筑工业出版社,2016.

［11］杨维菊.建筑构造设计(下册)［M］.北京:中国建筑工业出版社,2016.

［12］刘昭如.建筑构造设计基础［M］.北京:科学出版社,2018.

［13］覃琳,魏宏杨,李必瑜.建筑构造(上册)［M］.北京:中国建筑工业出版社,2019.

［14］高祥生.装饰装修材料与构造［M］.南京:南京师范大学出版社,2020.

［15］姜涌,朱宁.建筑构造:材料、构法、节点［M］.北京:中国建筑工业出版社,2021.

［16］曹纬浚.一级注册建筑师考试教材:建筑材料与构造［M］.北京:中国建筑工业出版社,2023.

［17］中国建筑标准设计研究院.住宅建筑构造:11J930［S］.北京:中国计划出版社,2011.

［18］中国建筑标准设计研究院.轻集料空心砌块内隔墙:03J114—1［S］.北京:中国计划出版社,2003.

［19］中国建筑标准设计研究院.内隔墙-轻质条板(一):24J113—1［S］.北京:中国计划出版社,2024.

［20］中国建筑标准设计研究院.轻钢龙骨内隔墙:03J111—1［S］.北京:中国计划出版社,2003.

［21］中国建筑标准设计研究院.楼地面建筑构造:12J304［S］.北京:中国计划出版社,2012.

［22］中国建筑标准设计研究院.楼梯 栏杆 栏板(一):22J403—1［S］.北京:中国计划出版社,2022.

［23］中国建筑标准设计研究院.地下建筑防水构造:10J301［S］.北京:中国计划出版社,2010.

［24］中国建筑标准设计研究院.外墙外保温建筑构造:10J121［S］.北京:中国计划出版社,2010.

［25］中国建筑标准设计研究院.外墙内保温建筑构造:11J122［S］.北京:中国计划出版社,2011.

［26］中国建筑标准设计研究院.平屋面建筑构造:12J201［S］.北京:中国计划出版社,2012.

［27］中国建筑标准设计研究院.坡屋面建筑构造(一):09J202—1［S］.北京:中国计划出版社,2009.

［28］中国建筑标准设计研究院.建筑节能门窗:16J607［S］.北京:中国计划出版社,2016.